기후를 예측하다

기후 과학자 이네즈 펑

기후를 예측하다

기후 과학자 이네즈 펑

르네 스켈톤 지음 | 한국여성과총 교육홍보출판위원회 옮김

해나무

시리즈에 대하여

이 시리즈에 나오는 이야기는 실존 여성들과 그들의 탁월한 과학적 업적을 다루고 있다. 이 여성들 중 어떤 이들은 아주 어린 나이부터 과학자가 되고 싶다는 것을 알았고, 어떤 이들은 한참 후에야 깨달았다. 어떤 이들은 업적을 쌓아가는 과정에서 개인적·사회적 장애를 극복해야 했고, 어떤 이들은 좀 더 단순하고 순탄한 길을 따랐다.

배경과 살아온 이야기는 다르지만 여기에 나오는 비범한 여성들은 하나같이 중요한 신념을 갖고 있었다. 자기가 하는 일이 매우 중요하며, 그 일이 세상을 더 좋은 곳으로 만들 수 있다는 신념이다.

수많은 여타 전기물과 달리 이 시리즈는 현역에서 활동하는 과학자들의 삶의 연대기다. 이 여성들은 다양한 방식으로 이 책을 만드는 데 참여했다. 자신의 인생에서 중요한 세부 사항을 공유했고, 예시 자료로 쓸 수 있게 개인의 사사로운 사진들을 내놓았으며, 가족이나 친구, 동료들이 인터뷰에 응하도록 요청했고, 독자의 관심을 끌 수 있도록 자신의 전문성을 살려 과학적으로 설명해주었다.

이 시리즈는 새러 리 슈프Sara Lee Schupf와 국립과학원의 전폭적인 도움이 없었다면 성사되지 못했을 것이다. 개인으로서나 조직으로서나 이들은 세상을 이해하려면 과학을 추구하는 게 중요하다는 신념으로 뭉쳐 있었다. 이들은 혁신적인 과학자가 된 지적 호기심이 많은 인물들의 이야기가 독자들에게 즐거움과 깨달음을 제공하기를 바란다. 그리고 이 이야기들이 비슷한 꿈을 좇는 재능 넘치는 이들에게 영감을 불어넣기를 희망한다. 과학 분야의 직업에 도전하는 것은 대단한 일이며, 나아가 그 보답은 훨씬 더 클 것이다.

차례

머리말

기후 추적자

이네즈 펑Inez Fung은 미스터리를 좋아한다. 바로 지금 그녀 앞에 놓인 미스터리는 지구의 기후가 어떻게 그리고 왜 변화하는가이다.

지구 온난화는 가속화되고 있으며, 이상한 일들이 벌어지고 있다. 수천 년 동안 유지되던 빙하가 녹고 있다. 해수면은 서서히 올라가고 있다. 일부 지역에서는 겨울에 눈이 더 적게 내리고 봄꽃들이 일찌감치 싹을 틔운다. 어떤 곳에서는 심한 폭풍우가 더 자주 발생한다. 이 모든 사건들이 서로 연관되어 있을까? 만약 그렇다면, 지구의 기후에 무슨 일이 일어나고 있기에 이런 일들이 발생하는 것일까? 그리고 기후와 관련해서 다른 어떤 충격적인 사건들이 일어날 것인가? 이것들이 이네즈가 답하고 싶은 질문들이다.

미래를 예측하는 것은 어렵지만, 그래도 시도는 해보는 것이 이

네즈가 하는 일이다. 그녀가 가진 도구는 방정식, 수학 모델, 그리고 초고속 컴퓨터다. 기후가 어떻게 작동하고, 또 어떻게 변해갈지 이해하기 위해 그녀는 바람, 해류, 강수량, 구름 형성과 같은 자연현상들을 컴퓨터로 시뮬레이션한다. 그녀는 이런 각각의 변인들을 바꿔본 후 향후 50년, 100년, 심지어 500년 후의 기후에 무슨 일이 일어날지 알아볼 수 있다.

지구의 작용과 관련된 모든 게 이네즈의 마음을 사로잡았다. 그녀는 항상 새로운 질문들을 던지며 해결해야 할 새로운 수수께끼들을 찾고 있다. 그녀는 지구 기후의 미래가 어떻게 될 것인지 더 잘 이해할 수 있도록 도움을 주고자 한다.

이네즈 펑은 미국에서 NASA 과학자로 있을 때

대부분의 성과를 이루었다.

하지만 그녀의 여정은 지구 반대편에 있는

홍콩에서 시작되었다.

오리건에서 소풍 중에, 이네즈 펑이 마운트 후드Mount Hood 인근 호수 옆에서 휴식을 취하고 있다.

1장

이네즈 펑을 만나다

이네즈 펑은 공상과학영화를 좋아한다. 2004년 여름, 그녀는 미래의 모습을 담은 영화를 보려고 영화관으로 달려갔다. 영화 속 미래의 모습은 지구 기후가 걷잡을 수 없는 상태가 되어 전 세계적으로 재앙이 발생한다는 것이었다.

기후라는 것은 수십 년 혹은 수 세기에 걸쳐 어느 한 장소에서 일어나는 평균적인 날씨를 의미한다. 그러나 영화는 믿을 수 없을 정도로 급격한 기후 변화를 보여주었다. 북반구의 해수면 온도가 밤새 뚝 떨어졌고 해류는 거꾸로 흘렀다. 거대한 파도가 뉴욕 시가지를 덮치며 버스, 자동차, 사람들을 쓸어냈다. 그런 다음 극심한 한파가 닥쳤다. 눈과 얼음이 두껍게 쌓여 건물들을 통째로 뒤덮었다.

이네즈는 숲과 바다부터 눈과 구름까지, 자연의 모든 것이 기후에 영향을 준다는 것을 배웠다. 그녀는 사람들의 행위도 기후에 영향을 미칠 수 있다는 것을 알아가고 있다.

이네즈는 영화를 열중해서 보았다. 미래의 기후 변화, 즉 자신의 과학적 전문 분야를 다룬 영화였지만 그다지 감흥은 없었다. 특수효과는 흥미로웠지만 과학적인 부분들은 별로였다. 첫째, 기후 변화는 영화에 나오는 것처럼 그렇게 순식간에 일어나지도 않고, 그런 식으로 발생하지도 않을 것이다. 둘째, "제가 컴퓨터 화면에 표시된 폭풍우 전선을 봤는데, 공기 덩이(대기의 기본적인 역학과 열역학을 가진 것으로 간주하는 공기의 가상적인 체적을 말한다. 일반적으로 공기 움직임 또는 대기 과정들을 추적하는 데 적절하게 사용된다.—옮긴이)가 잘못된 방향으로 움직이고 있더라고요."라고 그녀는 웃으며 말한다. 아이고, 이걸 어쩌나!

영화 제작자들은 명심하자. 만약 공상과학영화를 만들 예정이라면 과학 지식들을 제대로 담아야 한다. 아니면, 이네즈 펑 같은 과학자들이 영화를 보지 않기를 바라야 할 것이다.

과학적 사실 또는 소설?

잘못된 과학이든 아니든, 공상과학소설 작가들은 지구가 극단적인 기후 변화 때문에 폐허가 되어버린 미래의 모습을 즐겨 다룬다. 한때 사막 황무지처럼 표현된 적도 있다. 어떤 영화는 바다가 땅을 집어삼켜 온통 물바다가 된 세상을 보여주었다. 이런 미래의 모습은 상상의 산물이다. 그러나 기후 변화는 상상이 아니라 실제 일어나고 있는 현실이다.

지구의 기후는 50억 년의 기간 동안 자주 바뀌어왔다. 빙하기에는 지구 표면의 대부분이 두꺼운 얼음판으로 뒤덮여 있었다. 빙하기는 지구 본연의 기후 주기의 일부였기에 주기적으로 발생했다. 지구가 냉각되면 얼음판들이 생성되고 확산된다. 그리고 빙하기가 끝나면 지구는 우리가 현재 즐기고 있듯이, 온난한 주기로 들어선다.

하지만 무엇이 이런 자연의 주기를 벗어나게 하고 있는 것일까? 과학자들은 이제껏 한 번도 본적이 없는 극단적인 기후 흔적을 보고 있다. 그러나 지금의 문제는 극심한 한파와는 정반대 현상이다. 20세기는 과거 천 년 동안에 가장 따뜻한 시기였다. 그리고 최근 150년간 가장 따뜻했던 상위 10개년도 중 아홉 번은 1990년 이후에 발생했다. 일부 지역에서는 가뭄이 더욱 심해지고, 어떤 지역에서는 강설량이 감소하여 일종의 겨울 가뭄이 된다. 어떤 나무들은 봄에 일찍 싹을 틔운다. 그리고 몇몇 식물 종들은 이전에는 너무 추워서 살지 못했던 곳에서 자라기 시작했다. 기후 과학자들은 이러한 데이터들을 보며 '왜?'라고 묻고 있다. 자

이산화탄소는 자연적으로 발생하지만, 인간의 행위로 인해 지구 대기의 이산화탄소량이 엄청나게 증가했다. 자동차만 해도 전체의 4분의 1에 육박하는 이산화탄소를 대기에 배출한다.

연의 주기가 빙하기의 극심한 한파를 다시금 불러올까? 아니면 인간의 행위가 기후 주기를 영원히 바꿔버린 것일까?

이네즈 펑은 이런 질문을 던지는 과학자들 중 한 명이다. 그녀는 기후 과학자다. 그녀가 하는 일은 어떤 요인들이 기후를 결정하는지, 기후가 어떻게 변하는지, 그 이유가 뭔지 연구하는 것이다.

과학자들이 보고 있는 데이터는 인간을 기후 변화의 배후에 있는 핵심 장본인이라고 지목한다. 우리는 자동차와 트럭을 운전한다. 우리는 컴퓨터부터 에어컨까지, 모든 것을 작동시키기 위해 전기를 이용한다. 공장에서는 다양한 용품을 만들어낸다. 이 모든 활동을 위해서 화석연료의 연소가 필요하다. 석탄, 석유, 천연가스 같은 것들이 화석연료다. 화석연료는 수백만 년 전에 죽은

햇빛은 공기 오염 물질과 반응하여 로스앤젤레스 같은 도시 주변에 스모그 구름을 생성한다. 오존 등 스모그를 구성하는 몇몇 화합물은 온실가스다.

생명체들로 만들어지기 때문에 탄소가 함유되어 있다. 화석연료가 타면 부산물로 이산화탄소가 배출되는데, 바로 이게 문제다.

이산화탄소는 지구의 대기에 열을 가두어두는 역할을 하는 가스, 즉 온실가스다. 1800년대 초, 석탄을 때는 증기기관차가 널리 사용되기 시작한 이후 우리는 점차 더 많은 양의 화석연료를 태워왔다. 이산화탄소는 계속해서 대기를 채우고 있으며 다른 온실가스들도 마찬가지다. 현재 지구 대기에서 이산화탄소 농도는 지난 40만 년 이래로 가장 높은 수준이다. 이렇게 이산화탄소가 계속 추가되다 보니 지구의 평균 온도가 올라갔다. 지난 세기 동안 평균 화씨 1도(섭씨 0.55도)가량 올랐다. 특정 지역에서의 온난화는 상승폭이 더 높기도 하다.

온실효과란 무엇인가?

온실효과가 없다면 지구는 얼어붙은 황무지였을 것이다. 온실효과는 지구의 하층부 대기를 따뜻하게 유지시킨다. 덕분에 지구 위에서 생명체가 살아갈 수 있다. 만약 온실효과가 없다면 지구의 평균 표면 온도는 대략 화씨 54도(섭씨 12.2도)로, 지금보다 더 차가웠을 것이다.

당신은 종종 피부에 와 닿는 태양의 따뜻함을 느낄 수 있을 것이다. 하지만 태양 자체로부터 직접 오는 열기만으로 지구가 따뜻해지는 것은 아니다. 지구 표면에서 나오는 열기가 대기로 인해 갇혀서 제자리에 머무르는 것도 한몫한다. 이것은 침낭이 몸의 열기를 가둬서 추운 밤 당신을 따뜻하게 해주는 것과 비슷한 원리다.

그렇다면 온실효과는 어떻게 작동하는 것일까? 이를 이해하려면 전자기 방사선, 즉 태양 에너지가 지구에 도달하는 형태를 알아야 한다. 이 방사선은 빛의 속도로 이동하는 눈에 보이지 않는 파동으로 순식간에 우주를 여행한다. 파동의 꼭대기에서 다음 파동의 꼭대기까지의 거리를 방사선의 파장이라고 부른다. 파장은 매우 높은 에너지인 감마선일 경우 수백만분의 1인치부터 최장 에너지이자 최저 에너지인 전파일 경우 몇 마일에 이르기까지 다양하다.

태양은 대부분 고에너지 단파장 방사선을 방출한다. 여기에는 눈으로 볼 수 있는 빛, 즉 가시광선뿐 아니라 눈에 보이지 않지만 흐린 날에도 햇볕 화상을 입힐 수 있는 자

태양의 방사선 중 일부는(노란색 화살표) 대기를 통과해 지구에 도달한다. 그 방사선의 일부가 흡수되면서 지구의 표면을 데운다. 적외선(빨간색 화살표) 혹은 태양열은 대기로 다시 배출된다. 이때 에너지가 온실가스 분자를 진동시키고 스스로 열을 만들어내 하층 대기와 지구 표면을 따뜻하게 한다.

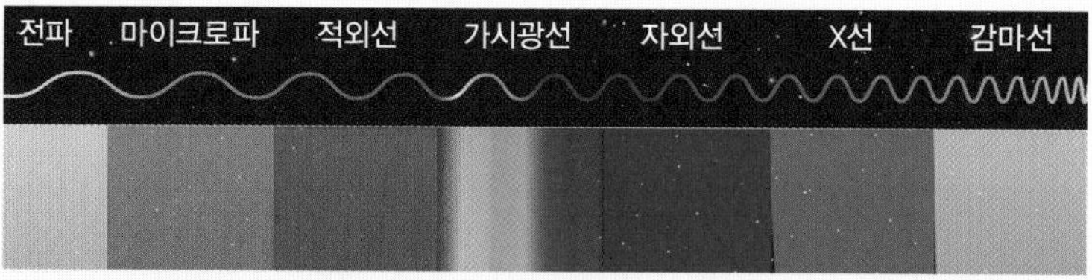

전자기 방사선은 몇 마일의 파장 길이를 가진 전파에서 수백만분의 1인치의 파장 길이를 가진 감마선까지 범위가 다양하다. 가시광선의 범위는 빨간색(최장)에서 보라색(최단) 빛까지다. 만약 우리가 햇빛처럼 모든 가시광선의 파장을 한 번에 보게 된다면, 우리는 흰색 빛을 보게 될 것이다.

외선도 포함되어 있다. 지구의 상층 대기에 있는 극히 적은 수의 물질들이 단파장 방사선을 흡수할 수 있는 분자 구조를 갖는다. 이 방사선의 절반 정도가 곧바로 통과하여 지구의 표면에 부딪힌다. 지구의 표면은 단파장 방사선을 흡수하지만 그 후 다른 파장으로 이를 방출한다. 지구의 표면 온도가 태양보다 훨씬 낮기 때문에(태양이 화씨 1만 1000도[섭씨 6093도]인데 비해 지구는 겨우 화씨 60도[섭씨 15.5도] 정도) 표면은 대부분 저에너지 장파장 방사선 혹은 적외선을 대기로 배출한다.

이산화탄소나 메탄 같은 온실가스들은 장파장 방사선이 지나가지 못하게 한다. 방사선은 이 가스 분자들을 자극해서 더욱 격렬하게 진동하고 스스로 열을 내도록 만든다. 이런 열기 때문에 지구의 하층 대기뿐만 아니라 지구 표면의 온도도 올라간다.

이것을 왜 '온실효과'라고 부를까? 유리로 된 온실이 따뜻해지는 것과 비슷한 원리이기 때문이다. 단파장 태양 에너지는 지구의 대기를 통과하듯이, 수월하게 온실의 유리를 통과한다. 온실의 내부는 이 태양 방사선을 흡수하여 대부분 열로 방출한다. 그러나 이번에는 유리가 열의 대부분을 온실 안에 가둔다. 마치 온실가스가 열을 지구의 대기에 가두는 것과 같은 구조다.

이네즈와 같은 기후 과학자들은 이러한 변화의 결과로 나타나는 여러 영향들을 벌써 목격하고 있다. 북극해의 얼음 두께가 얇아졌고, 산악 빙하들이 줄어들었다.

몬태나 주의 글레이셔 국립공원(미국 몬태나 주 서북부에 있는 국립공원. 빙하, 빙하호, 보존림이 있다. 면적 3973㎢.—옮긴이)에 있던 빙하의 5분의 4가 지난 100년 동안 사라졌다. 대륙 빙하의 소멸과 해양의 온도 상승 때문에 느리지만 꾸준히 해수면의 수위가 높아졌다. 지구의 대부분 지역에서 '서리가 내리는 날' 수가 감소했다. 이네즈와 동료 기후 과학자들은 이런 변화를 이해하기 위해 연구하고 있다.

그들이 답해야 할 몇몇 중요한 질문들이 있다. 지구는 계속 따뜻해질 것인가? 만약 그렇다면 어느 정도나, 그리고 얼마나 빠르게? 온난화의 원인은 무엇일까? 더 따뜻해진 지구는 우리가 지금 알고 있는 지구와 어떻게 다를까? 우리에게 어떤 영향을 끼칠까?

아무도 세상이 곧 사막으로 변하리라 예상하지는 않는다. 하지만 심각한 결과를 초래할 가능성은 여전히 있다. 기후 과학자들이 지금 예견하는 바에 따르면, 온난화로 인해 앞으로 큰 변화가 생길 거라고 이야기한다. 예를 들어 기후대가 바뀌어 동식물이 현재의 서식지에서 살지 못할 수도 있다. 뉴욕에 야자수가 있다고 상상해보라! 아니면 북극곰이 없는 북극을!

일부 과학자들이 예견하듯이 북극 만년설의 상당 부분이 녹는

온난화 기후가 빙하에 영향을 주고 있다. 1850년에 글레이셔 국립공원에는 150개의 빙하가 있었다. 지금은 50개 정도 있다. 스페리 빙하 Sperry Glacier는 1907년(왼쪽)과 2001년(아래) 사이에 확 줄어들었다. 만약 온난화가 계속될 경우, 2030년에는 글레이셔 국립공원에 빙하가 하나도 없을 것이다.

다고 가정하면, 해수면은 몇 미터 상승할 수도 있다. 많은 사람들이 살고 있는 연안 지역의 저지대가 물에 잠기게 될 수도 있다는 얘기다.

가장 높은 곳이 해수면에서 겨우 8피트(약 2.5미터) 정도인 몰디브 같은 섬들은 인도양 아래로 사라질지도 모른다. 적도 지역의 따뜻한 물을 극지방으로 이동시키는 멕시코 만류 같은 중요한 해류가 약해지면서 북대서양 주변의 일부 지역을 냉각시킬 수도 있다.

온실가스는 무엇인가?

온실가스는 온실효과에 가장 크게 기여하는 대기 중 가스다. 다른 무엇보다도 이 가스는 지구가 방출하는 열을 흡수한다. 온실가스는 다시 자기 에너지를 지구로 재방출하고, 이로 인해 지구의 표면과 하층 대기가 따뜻해진다. 온실가스가 없다면 지구의 열은 우주로 빠져나갈 것이다.

온실가스 종류	자연적 발생 원인	인위적 발생 원인
이산화탄소(CO_2)	식물의 부패, 생명체의 호흡, 화산 폭발, 바다 등	발전소와 자동차의 화석연료(석탄, 석유, 가스) 연소, 목재를 태우는 것, 대기 중의 이산화탄소를 제거하는 나무와 다른 식물들을 벌목
메탄(CH_4)	습지대(늪, 습지, 수렁), 가축과 흰개미의 위장	쌀 농업, 가축 사육, 매립지 쓰레기 부패, 석탄 광산, 천연가스 파이프라인의 누수
이산화질소(NO_2)	축산 폐기물, 습지대	발전소 및 자동차의 화석연료 연소, 비료
오존(O_3)	상층 대기권에서는 태양으로부터의 자외선과 산소의 반응으로 발생, 하층 대기권에서는 식물과 나무에서 발생	탄소와 질소를 포함하고 있는 하층 대기권에서(주로 자동차에서 발생되는) 공기 오염물질과 햇빛의 반응, 스모그의 주요 구성 물질
염화불화탄소(CFCs)	없음. 실험실에서 인위적으로 만들어진 화학물질.	에어컨과 냉장고에 사용되는 냉각수, 소화기, 스티로폼, 스프레이 캔의 압축 불활성 가스
수증기	지구 표면으로부터 증발	

미래를 예언하다

이네즈의 직업은 기후가 오늘날과는 매우 다를 수 있는 미래를 예측하는 일과 관련이 있다. 그녀는 과거와 현재의 기후 패턴을 연구한다. 또한 해수면 온도와 해류, 바람 그리고 대기 중 온실가스와 미세먼지의 양 등 기후를 구성하는 다양한 요소를 조사한다. 그녀는 이런 요소가 바뀌면 기후가 어떻게 될 것인지, 또 기후가 바뀌면 이런 개별 요소가 어떻게 될 것인지도 함께 찾아내려고 한다.

이네즈가 연구를 해나가는 방식은 꽤 놀랍다. 그녀는 지구 전체를 자신의 실험에 사용하지는 못한다. 바람 또는 해류를 특정 방법으로 작동시켜서 그것이 대기 중 이산화탄소에 어떤 영향을 주는지 살펴볼 방법은 없다. 대신에 이네즈는 컴퓨터 안에 모델로서 지구와 지구의 대기, 해양, 육지 등 여러 시스템을 재창조해 낸다.

이네즈는 이런 지구 모델을 자신만의 '신비한 작은 세상'이라 불렀다. 그녀는 이 가상 세계의 특징들을 실제 지구와 아주 비슷하게 맞춰놓았다. 그런 다음 그녀는 모델을 작동시킨 후 무슨 일이 생기는지 보려고 기다린다.

이 아이디어는 자연의 기후 순환을 이해하고, 사람들의 행위가 이 순환에 어떤 영향을 주는지 찾아내는 데 목적이 있다. 예를 들어 사람들 때문에 더 많은 이산화탄소 혹은 온실가스가 발생하면 지구의 기후에는 어떤 일이 일어나게 될까?

이네즈는 어째서 이런 일을 하는 것일까? 그녀는 이렇게 이야기한다. "일단 이것은 거대한 퍼즐이에요. 하지만 매우 중요하기도 하죠. 지난 100년 동안의 기후 변화는 미미했기에 자연적인 변화와도 비교해볼 수 있어요. 그러나 향후 100년 동안 일어날 변화는 예전처럼 사소한 변화가 아닐 거예요."

수많은 컴퓨터 모델이 분석한 바에 따르면, 지구 온난화의 결과가 일부 지역에서 극단적으로 나타날 것이라고 예측한다. 모든 것을 태워버릴 듯한 뜨거운 날들이 더 많아질 수 있다. 지금도 이미 건조한 지역에 가뭄이 더 심해질 수도 있고, 이미 습한 지역에 더욱 억수 같은 비가 쏟아질 수도 있다. 2004년 여름과 가을에 차례로 플로리다 주를 강타했던 강력한 허리케인처럼 격렬한 폭풍우가 더욱 빈번하게 발생할 수도 있다.

그래서 이네즈는 기후에 영향을 줄 만한 결정권자들에게 그녀가 아는 것들을 설명하려고 노력한다. 과학 지식과 컴퓨터를 통한 예측만 제공할 뿐이지만 말이다. 운이 좋으면, 정부 관료나 기업가 같은 의사 결정권자들이 주목할 것이다. 그리고 그들은 피해를 끼치는 변화가 더 이상 일어나지 않도록 그 지식을 이용할 것이다.

이네즈는 컴퓨터 모델을 활용해 수십 년 넘게 기후를 연구해왔

홍콩에서 자랐기 때문에, 이네즈(아래)는 붐비는 도시의 거리(위)보다 푸른 하늘과 해안의 탁 트인 넓은 바다를 훨씬 더 좋아했다.

다. 그녀는 이런 모델을 개선하는 데 크게 기여했다. 그녀가 발견한 내용 덕택에 과학자들은 기후에 영향을 주는 게 무엇이고 기후가 어떻게 변화하는지 알게 되었다. 그녀는 이같은 연구들로 상도 많이 받았다.

이네즈 펑은 미국에서 NASA 과학자로 일할 때 대부분의 업적을 이루었다. 하지만 그녀의 여정은 지구 반대편에 있는 홍콩에서 시작되었다. 홍콩 시절의 그녀는 바다에서 수영하는 것과 하늘의 구름을 바라보는 것을 좋아했다. 그 당시에는 그녀가 얼마나 멀리 여행을 떠나게 될지, 그리고 얼마나 멋진 일들을 하게 될지 아무도 몰랐다.

그녀는 남중국해의 따뜻한 물에서 수영을 하며

많은 시간을 모래 위에서 보냈다.

오늘날까지도 해변과 바닷물은

고된 일상에서 벗어나게 해주는 탈출구다.

이네즈는 홍콩의 해안가에서 자랐다.

2장

홍콩에서의 나날들

이네즈는 홍콩에서 지낸 유년 시절을 돌아볼 때면 가족과 학교, 친구들 그리고 태풍(미국에서 허리케인이라 불리는 것)이 떠오른다. 이네즈가 어렸을 때 태풍이 종종 홍콩을 뚫고 지나갔다. "학교에 안 가고 집에 있는 것이 좋았어요."라고 그녀는 농담처럼 말한다. 하지만 그녀는 태풍이 나무를 넘어뜨리고 방 창문에 비를 세차게 퍼붓는 무서운 폭풍우였다는 것도 기억한다. 당시의 이네즈는 날씨와 기후가 자기 삶에 이렇게 중요한 역할을 하리라고는 몰랐다.

이네즈 펑은 1949년 4월 11일 홍콩에서 태어났다. 네 자녀 중 둘째이고, 언니 한 명과 남동생 둘이 있다.

이네즈의 부모는 다정하지만 전통을 따르는, 소위 '구식' 사람들

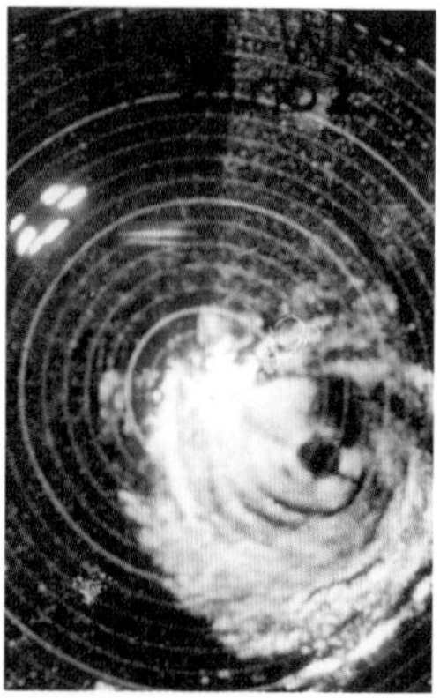

이네즈의 뇌리에는 홍콩 전체를 거센 바람으로 휩쓰는, 태풍이라 불린 강력한 폭풍우가 있었다.

이었다. 중국인 딸이 따라야 할 경계는 명확했다. "학교에 가라. 공부해라. 무례하게 행동하지 마라. 그렇게만 하면 아무 문제도 일어나지 않았어요."

이네즈의 어릴적 기억은 가족과 함께 살았던 홍콩 섬 남쪽 해안의 비치하우스에서 시작된다. 그녀는 남중국해의 따뜻한 물에서 수영을 하며 많은 시간을 모래 위에서 보냈다. 오늘날까지도 해변과 바닷물은 고된 일상에서 벗어나게 해주는 탈출구다. "바닷물에 몸을 푹 담글 때의 느낌이 제일 좋았어요."

하나의 삶, 두 개의 세계

아이들이 학교에 갈 나이가 되자, 이네즈의 부모는 도시 근처로 이사 가기로 결정했다. 초등학교가 그곳에 있었기에, 아이들의 등하교가 더 편했다. 펑 가족은 해안가의 집에서 도시의 작은 아파트로 이사했다.

부모는 이네즈에게 최고의 교육을 시키고 싶어 했다. 그녀가 만 열한 살에 초등학교를 마치자, 부모님은 그녀를 사립 중학교이자

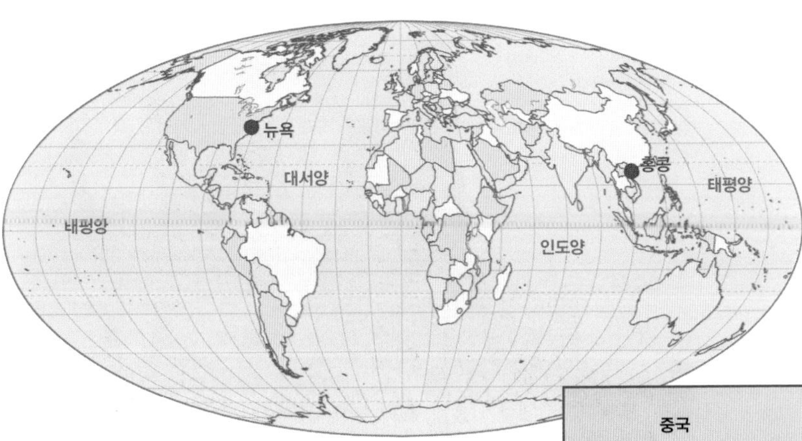

위의 지도는 이네즈가 태어난 곳(홍콩)과 그녀가 처음 미국으로 건너갔을 때 살았던 곳(뉴욕) 간의 거리를 보여준다. 이네즈의 출생지 홍콩은 중국 본토에서 조금 떨어져 남중국해에 위치해 있다.

고등학교에 보냈다. 펑 가족은 신앙심이 깊지는 않았지만 이네즈가 가게 될 학교는 미국 수녀들이 가르치는 가톨릭 여자 학교였다. 교육의 질을 위해서라면 그녀의 가족에게 종교는 중요한 문제가 아니었다.

이네즈는 이 시기가 매우 특이했다고 기억한다. 당시 그녀는 전혀 다른 세상 두 군데에서 살았다. 그녀는 이렇게 회고한다. "학교에서는 하루 종일 영어로 이야기했어요. 집에 가면 가족과 중국어로 대화했어요. 가톨릭 학교를 다녔기 때문에 영어로 묵주기도를 낭독했죠. 하지만 집에서는 할머니에게 중국어로 불교 만트라(주문)를 읽어드렸어요. 제가 서양 학교를 다녔기 때문에, 그곳

이네즈의 부모, 찰스와 프랜시스(오른쪽)는 이네즈에게 최고의 교육을 시키고 싶었다. 그들은 딸(아래, 앞줄 맨 왼쪽)을 교육 수준이 높았던 메리놀 수녀회 학교Maryknoll Sisters School로 보냈다.

에서 다루지 않는 중국 고전들은 과외 선생님들한테 배웠어요."

수녀들은 훌륭한 선생님이었지만, 중국 학생들이 영어만 사용하게끔 엄격히 통제했다. "선생님들은 제가 중국어로 말하는 걸 들을 때마다, 벌금으로 10센트를 내도록 했어요. 제 용돈이 한 달에 10달러였고, 탄산음료가 한 병에 30센트였거든요. 만약 학교에서 영어를 쓰지 않았다면 돈이 바닥났을 거예요!"

청소년 시절에 이네즈는 나중에 어떤 직업을 가질지 여러 가지 생각을 해봤다. 날씨나 기후 연구와 관련된 건 하나도 없었다.

그녀는 피아노 치는 것을 좋아했고 강습도 받았다. 언젠가 그녀는 전문 피아니스트가 되어 음악 연주를 직업으로 삼으면 어떨까 생각했다. 그러나 선생님들은 이네즈가 직업적인 음악가 될 만큼 뛰어나지는 않다고 이야기해주었다.

이네즈는 의사가 되는 것도 생각해보았다. 그녀의 부모는 가족 주치의에게 이 이야기를 해보았는데, 주치의는 심드렁하게 말했다. "업무 시간은 길고 일이 무척 고됩니다. 의사는 여성이 할 만한 직업이 아니에요."

모기에 신경 쓰지 마라

이네즈의 학교 성적은 좋았고 가족들은 그녀가 대학에 갈 거라고 생각했다. 대학 입시를 위해 이네즈는 고등학교 마지막 일 년 반을 킹스 칼리지라는 학교에서 지냈다.

당시 대부분의 홍콩 아이들은 자신이 어떤 직업을 가질지 오랜 시간 고민하면서 찾지 않았다. 그저 자기가 잘하는 것을 했다. 이네즈가 기억하기로는, 아이가 열두 살쯤 되면 교사나 부모는 아이가 무엇을 잘하는지 대략 파악했다. 그때 이후로는 모든 것과 모든 사람이 아이가 잘하는 방향으로 초점을 맞추어 이끌어간다. 이네즈의 경우, 그 방향이 수학과 과학이었다.

킹스 칼리지는 수학과 과학 교육이 탁월한 학교였다. 교사들은 담당 과목을 엄격하게 가르쳤다. 수업은 힘들었다. 고등학교의 마

이네즈는 다섯 살 때부터 피아노를 배웠다. 열다섯 살 때는 '홍콩 학생 음악 대회'에서 피아노 부문 일등상을 타기도 했다.

지막 학년이 아니라 거의 대학교 1학년 같았다. 킹스 칼리지 졸업생들은 정말로 유능했다.

그런데 킹스 칼리지 학생들이 주로 남학생이었다는 게 이네즈에게는 문제였다. 홍콩의 여학생들은 대개 수학과 과학을 대학 전공으로 선택하지 않았다. 여학생들이 대학 입시를 준비할 만한 특수학교는 거의 없었다. 킹스 칼리지도 매년 수학, 과학을 전공하려는 소수의 여학생만 대입 준비반에 들어갈 수 있도록 했다. 몇몇 남학생들은 일부러 학교에서 여학생들을 소외시키고 따돌렸다.

이네즈는 킹스 칼리지에서 공부를 시작할 때 어떤 일들이 벌어질지 예상하지 못했지만 곧 알게 되었다. 첫날, 남학생 하나가 그녀에게 다가와 마주 서더니, "넌 내 친구의 자리를 빼앗았어. 네가 걔 인생을 망친 거야!"라며 윽박질렀다. "여자들은 학교에 보내지 말아야 돼. 네가 여기 있는 건 교장이 여자를 좋아하기 때문이야." 이네즈는 속으로 생각했다. '그래, 나도 너를 만나서 반가워!'

이네즈는 수업을 들으러 갔다. 그녀는 잘했지만 몇몇 남학생들이 계속 그녀를 괴롭혔다. 그녀가 자리에 앉기 전에 의자에 압정을 놓는 등 온갖 장난을 쳤다. 틈날 때마다 그녀의 마음을 거북하게 만들었다. 어떤 학생들은 수업 중에 이네즈를 곤혹스럽게 만

킹스 칼리지에서 이네즈(앞줄 맨 오른쪽)는 수학과 과학을 공부했다. 그녀는 반에서 몇 명 되지 않는 여학생 중의 한 명이었다.

들기도 했다. 끔찍한 순간이 그녀의 기억에서 툭 튀어나온다. "수업 때, 선생님이 가득 써놓은 칠판을 지우는 건 늘 학생들 몫이었죠. 제가 칠판을 지울 차례가 됐는데, 칠판지우개가 교실에 매달린 전등 위에 있었어요. 저는 교탁 위로 올라가 칠판지우개를 빼낸 후, 다시 내려와 칠판을 지워야 했어요. 그동안 다른 학생들은 앉아서 구경만 했어요."

이쯤 되면, 많은 학생들이 울며불며 전학 가겠다고 했겠지만, 이네즈는 그러지 않았다. 이런 옹졸한 행동 때문에 상처를 받긴 했어도, 그녀는 한 번도 부모에게 그 일을 이야기하지 않았다. 그녀는 꿋꿋이 견뎌냈다.

일단, 이네즈는 가족에 대한 의무감이 앞섰다. "가족은 그 학교가 제게 최선이라고 생각했어요. 제가 해내지 못하면 가족들이 실망하겠죠. 저는 물론 가족도 실패라고 여길 거예요."

게다가 승부욕이 강한 이네즈는 자신을 괴롭히는 애들이 이기게 놔둘 수는 없었다. '녀석들한테 절대 눈물을 보이지 않을 거야. 나를 쫓아내지 못할걸.' 하고 그녀는 다짐했다.

"지금은 나이가 들었으니까, 그때 날 괴롭히는 남학생들이 해변의 모기 같다는 생각이 들어요. 몇 마리 때려잡으면 조금은 흡족해지겠죠. 하지만 대부분의 경우는 무시해버려야 해요. 목표를 이루려고 거기에 갔잖아요. 그 과정에 겪는 자잘한 일이라고 생각해야죠."라며 이네즈는 과거를 되돌아보았다.

이네즈는 끔찍한 학교생활이 끝나면 사랑과 응원이 가득한 가족의 품으로 돌아갈 수 있다는 점을 위안으로 삼았다. 이네즈의 부모는 한 번도 그녀를 좌절에 빠뜨린 적이 없었다. 그녀가 무엇을 못할 거라고 말한 적도 없었다. 그녀는 이렇게 회고했다. "저에게는 매우 강력한 지원 세력이 있었어요. 무슨 일이 일어나든 제 능력을 의심한 적이 없었죠."

미래를 마주하다

이네즈가 홍콩에서 자라던 1950년대와 1960년대는 학교 교육이 개인의 삶을 좌우했다. 가장 똑똑한 학생들은 대학에 갔다.

이네즈는 이런 교육 시스템을 '깔때기'라고 부른다. 일단 재능이 발견되면, 모든 것이 그 사람을 특정 학교, 그리고 때가 되면 평생 종사할 어떤 직업으로 몰아갔다.

이 모든 게 일련의 시험으로 결정되었다. 시험에 모두 통과하면 학업을 계속했고, 떨어진 사람들은 대개 대학 학위가 필요 없는 직업을 택했다.

이런 시험들은 너무 중요해서 교사는 학생들이 시험을 잘 보도록 끊임없이 훈련을 시켰다. 고등학교 때의 어느 교사는 학생들에게 시험 당일에 아프면 안 된다고 신신당부했다. 시험을 놓치면 인생을 망칠 거라는 얘기였다.

그 정도 압박만으로는 충분하지 않았는지, 지역 신문들은 모든 학생의 본고사 성적을 게재했다. 만약 성적이 안 좋으면 홍콩의 모든 사람들이 알게 되는 셈이다. 이런 압박은 일부 학생들을 자살로 몰아갔다.

이네즈는 실패를 걱정하지 않았다. 부모는 그녀의 성공에 보탬이 될 만한 기회라면 모두 제공해주었다. 딸을 최고의 학교에 보냈고, 피아노, 수영, 테니스 교습을 시켰고 과외 선생까지 붙여주었다. 하지만 다른 걸 떠나 그녀가 누구보다 열심히 공부했다.

학창 시절에는 독서와 공부에만 매진했다. 밤에 친구들과 어울려 다니거나 텔레비전 보거나 하면서 시간을 허비하지 않았다.

이네즈가 그나마 자유롭게 휴식을 취할 수 있었던 시간은 여름이었다. 일부 학생들이 여름 학기에 미적분 수업을 듣는 동안 이네즈는 해변으로 도망갔다. 이네즈의 수영 실력이 수준급이었던 터라 부모는 그녀가 홍콩의 아름다운 만灣에서 수영을 하도록 허락했다.

그녀는 수영을 사랑했다. "수업도 학교도 공부도, 저는 정말이지 엄격한 생활을 했어요. 하지만 해변에 가면 자유로웠어요. 저는 거기에 누워 물과 구름을 바라보았어요. 오직 저만의 공간이었죠."

대학 입시가 다가왔을 때, 이네즈는 매우 잘 해냈다. 그녀는 도

어렸을 때 이네즈는 홍콩의 리펄스 베이Repulse Bay라고 불리는 지역에 살았다. 그녀는 여유 시간의 대부분을 해변에서 놀거나 바다에서 수영을 하며 보냈다.

시의 유일한 대학, 홍콩대학교에 입학하는 것이 확정됐다. 그러나 마지막 순간에 그녀는 홍콩대학교가 자신의 인생에서 원하는 방향이 아니라는 것을 깨달았다.

이네즈는 집에서 멀리 떨어져 살아본 적이 없었지만

외국에서 학교를 다니는 게 두렵지 않았다.

열여덟 살 때 이네즈는 미국에서 공부하려고 홍콩을 떠났다.

3장

미국으로 건너가다

이네즈는 홍콩대학교에 입학하려고 수년간 노력해왔다. 만 열여덟 살에 불과했지만, 대학 측은 이미 그녀를 과학과 수학 전문가로 여겼다. 홍콩대학교는 그녀가 물리학, 수학, 화학 수업을 들을 수 있도록 해줄 것이다. 그런데 영어는 이야기가 달랐다. 학교 측의 판단에 따르면 과학 전공자는 문학 수업을 들을 자격이 없었다.

이네즈는 실망하고 짜증이 났다. 홍콩대학교가 영어 수업을 못 듣게 한다면 그녀도 그 학교의 학생이 되지 않겠다고 다짐했다.

단지 이 논쟁 때문에 이네즈가 홍콩대학교에 들어가지 않았던 것일까? 그건 아무도 모른다. 이네즈는 1967년 5월에 고등학교를 졸업할 예정이었다. 그 당시 중국의 지도자 마오쩌둥毛澤東 추종자들이 영국 식민 정부에 대항하여 대규모 폭동을 일으켰다. 폭동 때문에 이네즈의 부모는 걱정이 이만저만이 아니었다. 그들은 이런 소요 사태가 곧 끝날지 아니면 더 심각해질지 종잡을 수 없었다. 다만 아이들을 키울 환경이 아닌 것만은 확실했다.

홍콩의 정치적인 미래도 불투명했다. 영국이 홍콩을 지배했지만, 1997년에 중국에 반환하기로 동의했던 터였다. 중국은 공산당 정권이 들어서 있었는데, 홍콩인 대다수는 공산주의 체제 하의 삶을 원하지 않았다. 펑 가족 역시 중국의 지배 아래 놓일 홍콩의 미래에 걱정이 많았다.

이네즈의 부모는 자녀들을 해외로 유학 보내고, 먼 훗날 은퇴한 후 새로운 삶을 살아갈 장소를 찾기로 결심했다.

이네즈는 집에서 멀리 떨어져 살아본 적이 없었지만 외국에서 학교를 다니는 게 두렵지 않았다. 그녀는 미국에서 학교를 다녔던 사람들을 여러 명 알고 있었다. 그들은 모두 다 일이 잘 풀렸다. "저는 그냥 모험을 떠날 뿐이라고 생각했어요."

뉴욕에서의 막간

펑 가족이 이네즈를 다른 대학으로 보내야겠다고 결정한 시기는 고등학교 졸업이 임박한 시점이었다. 이네즈가 그해 가을에 다른 대학교로 진학하려면 당장 지원을 해야 했다. 그녀와 부모는 미국에 있는 여러 대학교에 지원서를 서둘러 제출했지만 마감일을 놓치고 말았다. 결과적으로 딱 한 군데만 빼놓고 모든 학교가 이네즈의 지원서를 받아주지 않았다. 뉴욕 주 중부에 있는 소규모 단과대학 시라큐스 대학교의 유티카 칼리지는 마감일이 없었다. 펑 가족은 이네즈의 입학을 축하하는 편지를 받았다. 이네즈가 미국 대학교에 가게 된 것이다.

1967년의 늦여름, 부모는 네 자녀를 데리고 북아메리카로 떠났다. 그들은 이네즈의 두 남동생을 캐나다에 있는 기숙학교에 보냈다. 펑 가족은 샌프란시스코에 들러 이네즈의 언니를 샌프란시스코 여자 대학교로 보냈다. 이네즈는 뉴욕 주로 데리고갔다. 이네즈의 부모는 이네즈가 학교에 정착할 수 있도록 하루 정도 뉴욕 유티카에 머물렀다. 그러고는 집으로 떠났다. 태어나서 처음 이네즈는 진짜 혼자가 되었다.

다른 나라이기는 했지만, 미국 문화가 그녀에게 생판 낯설기만 한 것은 아니었다. "홍콩은 범세계적인 도시예요. 저는 미국 TV 프로그램을 봐왔어요. 〈세븐틴Seventeen〉 같은 미국 잡지들도 볼 수 있었고요. 제가 미국인 수녀들이 운영하는 학교를 다녔잖아요. 그래서 문화 충격 같은 것은 전혀 안 받았던 걸로 기억해요."

그렇지만 물리적인 환경은 전혀 달랐다. "미국이란 나라는 광활하고 어마어마하게 넓어요. 공터도 많았고요." 크고 빽빽하게

이네즈는 미국에서의 첫 해를 뉴욕 중부의 유티카 칼리지에서 보냈다. 추위와 눈은 열대의 홍콩에서는 보지 못하던 것이었다.

위로 치솟아 오르는 식으로 지어진 도시 홍콩과는 매우 다른 환경이었다.

이네즈는 학교에서 혼자였지만, 뉴욕에서 줄곧 외톨이 신세였던 건 아니었다. 외가 쪽 먼 친척들이 맨해튼에 살고 있었다. 이네즈는 전에 그들을 만난 적이 없었지만 뉴욕에서 살기 시작하자 친척들이 사는 아파트가 미국의 고향 집 노릇을 했다. 추수감사절 같은 휴일에 유티카 칼리지가 문을 닫을 때마다 그녀는 버스를 한참 타고 맨해튼으로 가서 친척 아주머니와 함께 지냈다.

그곳에서 지내는 동안 이네즈는 다시 대가족의 일원이 되었다. 그녀는 집안일을 도왔고 어린 친척 동생들을 돌보았다. 여유 시간이 생기면 뉴욕의 리틀 이탈리아나 차이나타운처럼 활기 넘치고 사람들로 북적이는 거리를 찾았다. 연휴가 끝났을 때 친척 아주머니는 학교로 돌아가는 버스에 이네즈를 태우면서 집에서 만든 맛있는 도시락을 함께 챙겨 보냈다.

이네즈는 유티카 칼리지에서 만끽하는 학교생활의 자유를 좋아했다. 향수병이라곤 조금도 느끼지 않았다. "저는 새로운 모험을 할 준비가 되어 있었어요." 하지만 수업 내용은 그녀가 기대했던 것보다 별로였다. 홍콩에서 몇 년간 엄격하게 수학과 과학 교육을 받았기에, 이네즈는 다른 학생들보다 훨씬 앞서 있었다. “모두들 친절했고 좋은 사람들이었죠. 하지만 수업 내용은 저를 자극하지 못했어요. 금세 지루해졌죠. 그해 말, 학교를 옮겨야겠다고 결심했어요.”

이네즈는 부모와 이 문제를 상의했고 동의를 얻었다. 이번에는 마감일을 놓칠 이유가 없었다. 이네즈는 웰즐리, 스미스 그리고 과학과 수학 분야에서 미국의 최고 대학 중 하나인 매사추세츠 공과대학(MIT) 등 우수한 학교에 지원했다. 그런 다음 좋은 소식이 오기를 간절히 기다렸다.

인생의 갈림길에서

이네즈는 MIT로부터 합격 통지서를 받았다. 그녀는 이렇게 농담한다. “기숙사에 방이 남아돌았나 봐요. 그래서 들어갔겠죠.” 당시에 미혼 여성들은 기숙사에 살아야 했다. 대부분의 상위권 과학 대학들은 여성들이 살 수 있는 공간을 갖추지 못했다. 공교롭게도 MIT는 여자 기숙사 맥코믹 홀 확장 공사를 막 끝낸 터였다. 그래서 기숙사에 방이 남아서 이네즈가 MIT에 입학했다는 것도 어떤 의미에서는 맞는 말이었다. 물론, 그녀의 뛰어난 성적과 만점에 가까운 SAT 수학 점수가 많이 작용했다.

살다 보면 인생의 갈림길을 맞게 된다. 한쪽 길로 갈 수도, 다른 쪽 길로 갈 수도 있다. 당신이 어떤 길을 선택했느냐에 따라 당신의 인생이 바뀐다. 아마도 살아가면서 한두 번쯤은 당신이 선택한 것 때문에 인생에 큰 변화가 생겼을 것이다. MIT에 지원하겠다는 이네즈의 결심이 바로 그런 선택 중 하나였다.

MIT에서 세 가지 일이 현재의 이네즈로 만드는 데 영향을 미쳤다.

첫째, 이네즈는 그녀에게 영감을 주고 관심을 갖는 훌륭한 교수들을 만났다. MIT 수업은 새로운 세계를 접하는 것 같았다. 교수들은 각 분야별 최고의 과학자일 뿐 아니라 매우 영민했고 때로는 무척 재미있었다. 이네즈는 수학 교수였던 알라 툼레Alar Toomre를 떠올리면 지금도 웃음이 나온다. 어느 날 그는 교단에 서서 그날 수업은 은하계의 굴곡에 대해 논의할 거라고 이야기했다. 그런 다음 그는 'Milky Way' 초코바를 주머니에서 꺼낸 후 그것을 구부렸다. 그녀가 가장 좋아하는 교수였던 하비 그린스펀Harvey Greenspan과 윌럼 말커스Willem Malkus는 수학이나 물리학 이상의 것을 가르쳐주었다. 그들은 이네즈에게 '생각하는' 법을 알려주었고, 배우는 것이 흥미진진하다는 걸 깨우쳐주었다. "그분들은 과목을 현실 세계와 연관 지어 가르쳐주었어요. 그러다보니 그 과목이 재미있어지더라고요."

MIT 캠퍼스 중앙에 있는 잔디밭 '킬리안 코트Killian Court'는 따뜻한 봄날 야외 수업을 하기에 정말 최고의 장소였다.

당시에는 몰랐지만, 이네즈가 가장 좋아했던 유체역학이나 액체와 기체의 이동에 대한 연구와 관련된 수업들은 그녀가 기후 과학자로서 경력을 쌓아가는 데 도움이 되었다. 해양과 대기의 순환을 이해하는 데도 역시 도움이 되었다. "그때만 해도 여기에 뭘 적용시켜야 할지 몰랐어요. 저는 그 과목들이 명쾌하고 재미있다고만 생각했으니까요."

둘째, 이네즈가 자신만큼이나 배움에 열정적인 다른 학생들에 둘러싸여 있었다는 점이다. 그들 중 몇몇과는 가까운 친구 사이가 되었다. 이네즈는 여학생 몇 명과 기숙사 방을 함께 썼다. 각자 개인 침실이 있었지만, 거실을 같이 사용했다. 그들은 수업을 마친 후 종종 거실에 모여 앉아 수다를 떨었다. 학교에서 식사를 제공하지 않는 주말에는, 거실에서 함께 요리를 만들어 먹었다. 식사를 하면서 그들은 이 세상 온갖 것들에 대해 이야기를 나눴다. 그리고 그 속에서 평생의 우정이 싹 텄다.

물리학자 린다 로데스트로Lynda LoDestro는 이네즈와 함께 주말에 요리를 해 먹던 여학생들 중 한 명이었다. 수십 년이 지난 지금도 그들은 여전히 친한 친구 사이이다. 린다는 당시의 이네즈를 이렇게 기억한다. "이네즈는 삶의 에너지와 열정이 넘쳐났어요. 자신을 작은 공간에 제한시켜놓는 걸 거부했죠. 무엇이 됐든 그녀는 늘 열려 있었어요. 저는 이네즈의 그런 점이 정말 맘에 들었어요."

셋째, MIT가 학생들이 탐구하고, 생각하고, 스스로에게 책임을 지도록 독려했다는 점이다. 홍콩에서는 가족이 이네즈가 하는 일의 대부분을 통제했다. MIT는 전혀 달랐다. "저는 영화를 자주 보러 갔어요. 저는 제가 원하는 건 무엇이든 할 수 있었죠. 제 행동으로 이익을 얻기도 하고 대가를 치르기도 했어요."

이네즈는 과학과 수학 이외의 과목들도 열심히 공부했다. 그녀는 심리학을 배우면서 뇌가 사물과 사람을 인식하는 방식을 주제로 한 토론에 참여하기도 했다.

경제학 수업을 들으며 수요와 공급 법칙을 배웠다. 전기공학 수업에서는 사람들의 목소리가 각자 다른 파장을 만들어내는 것을 화면으로 보고 놀라워했다.

훌륭한 교수진과 새로운 친구들, 그리고 탐구를 위한 공간이 있었기에 이네즈는 MIT 학부생 3년을 만끽할 수 있었다. 1971년에 그녀는 응용수학 전공으로 과학 학사 학위를 받고 졸업했다. 응용수학은 현실 세계의 문제들, 예를 들어 배나 비행기의 설계, 또는 세계 기후 변화의 연구 등을 해결하기 위해 주로 사용된다.

이제 이네즈는 인생의 또 다른 갈림길에 직면했다. 그녀는 집으로 돌아가 홍콩에서 부모와 함께 살 수도 있었고, 아니면 미국에 남아서 대학원에 진학할 수도 있었다. 이네즈는 집으로 돌아가 부모와 함께 지내는 것도 생각해봤지만, 결국 그러지 않기로 결심했다. 그녀는 대학원에서 과학 탐구를 계속 이어가고 싶었다. 그리고 그곳에서 지금까지 인생의 갈림길 중 가장 큰 갈림길을 만났다.

짐과 이네즈는 대학원에서 6년을 함께 보냈으며,

더 친한 친구가 되었다.

MIT 시절 이네즈는 가까운 친구들을 몇 명 사귀었다. 그중에서 가장 중요한 관계를 맺은 친구는 대학원 동기 짐 비숍Jim Bishop이었다.

4장

인생의 길 찾기

어떤 사람들은 확실한 목표를 세우고 인생을 살아간다. 그들은 어릴 때부터 우주 비행사가 되거나, 컴퓨터 게임을 설계하거나, 뉴욕 양키스에서 유격수로 경기를 하거나 각자 원하는 게 뭔지 안다. 하지만 이네즈는 그런 부류의 사람이 아니었다. 그녀의 앞에 놓인 수많은 가능성에 설레기도 했지만 무엇을 하고 싶은지 확실하지 않았다. 최소한 처음에는 몰랐다. 그녀는 아직도 아주 놀라운 일에는 머뭇거렸다. 그녀는 마침내 NASA의 선임 기후 연구원이 되었다.

오늘날 이네즈는 이렇게 말한다. "당신이 좋아하는 게 뭔지 찾으세요. 만약 그게 싫어하는 거라면 절대로 잘하지는 못할 거예요." 좋아하는 것을 찾는 것이 이네즈의 첫 번째 과제였다. 그녀

두 사람(짐과 이네즈)은 1973년 4월 이네즈의 스물네 번째 생일 파티를 비롯하여 수많은 행복한 시간들을 함께 보냈다.

는 단지 잘하는 일이 아니라, 하고 싶어 하는 일을 찾아야 했다. MIT에서 다양한 수업을 많이 들었고 또 여러 과목을 많이 접해보았다. 이를 통해 어느 과목을 싫어하는지 알게 되었다. 하지만 마지막 학년이 가까워졌는데도 계획 하나 세우지 못했다.

이 시점에서도 이네즈가 존경하는 어른들은 여전히 그녀의 결정에 영향을 끼쳤다. 그녀는 부모와 MIT에서 존경하던 몇몇 교수의 말에 귀를 기울였다. 졸업이 가까워질 때 윌럼 말커스 교수는 이네즈에게 대학원에서 기상학을 공부해보라고 조언해주었다.

기상학은 이네즈의 맘에 쏙 들었다. 기상학은 그녀가 예전에 공부했던 것들과 적어도 일부나마 관련이 있었다. 그녀는 바닷물과 대기의 순환을 다루는 유체역학 수업을 들은 적이 있었다. 기상학 역시 주로 대기 가스의 순환에 관한 내용이었다. 이네즈는 심사숙고 끝에 기상학 박사 학위를 취득하기로 결심했다.

MIT 기상학과는 온갖 흥미로운 사람들과 생각들로 넘쳐났다. 예를 들어 에드워드 로렌즈Edward Lorenz 교수는 '카오스 이론chaos theory'이라고 불리는 것을 고안해냈다. 이는 지구 대기와 같이 복잡한 몇몇 자연계가 어떠한 방식으로 작용하는지 설명해주는 이론이다. 로렌즈는 '카오스(혼돈)'를 '지저분'하거나 '무작위적'이라는 뜻으로 사용하지 않았다. 그는 카오스가 오랜 기간 후에 어떻게 작용하게 될지 예측이 불가능할 정도로 복잡하지만 그 속에서도 질서라는 의미를 내포한다고 여겼다. 로렌즈는 며칠 이후의 미래 날씨를 예측하는 게 과연 가능할지 궁금해했다.

이런 사고방식은 이네즈의 마음을 사로잡았다. 로렌즈는 세 개의 방정식을 만들었는데, 이네즈는 이것들을 '아름다운 방정식'이라고 불렀다. 이런 수학 방정식이 대기 같은 자연계의 카오스를 설명해주었다. 말커스 교수와 수학과의 루이스 노어버그 하워드 Louis Norberg Howard 교수는 수차(물레바퀴)라고 하는 장난감 기계를 고안해냈다. 이것은 예측이 불가능하거나 카오스적인 시스템의 모델이 되었다.

어느 날 말커스 교수는 수업 시간에 수차를 가져왔다. 수차는 한쪽이 위로 향하게 기울어졌고 그곳에 회전판이 설치되었다. 모든 가장자리에 수직으로 세워진 종이컵이 부착되어 있었다. 컵마다 바닥에 작은 구멍이 나 있었고 이 구멍을 통해 물이 서서히 빠져나갔다. 위쪽 끝에 설치된 호스에서 나온 물이 위쪽에 있는 물컵을 채울 것이고 그 물의 일부는 방울방울 흘러내릴 것이다. 위쪽에 있는 물컵이 채워졌을 때 불균형적인 무게 때문에 수차는 한 방향으로 회전하기 시작했다.

"그것이 가장 놀라운 볼거리였어요. 수차는 먼저 한 방향으로 회전해요. 그 후 회전을 멈추고, 멈칫거리다가 또 다른 방향으로 회전해요!"라고 이네즈는 기억을 되살리며 말했다. 언제 또는 얼마 만에 수차가 방향을 바꿀 것인지 정확히 예측하는 것은 불가능했다.

"저는 수차에, 그리고 자연계의 신비를 설명해주었던 세 개의 방정식에 매료되었어요. 훨씬 나중에, 방정식을 설명하려고 만든 장난감 덕분에 제가 기상학 분야에 발을 들여놓은 계기가 되었다고 로렌즈 교수에게 말했죠."

새로운 방향

이네즈가 기상학을 공부하기로 한 결정은 현재의 경력, 즉 기후 및 기후 변화를 유발하는 대기 상태에 관한 연구를 향해 한 발짝 내딛는 큰 걸음이었다. 하지만 이네즈는 해야 할 일이 너무 많았다. "저는 기상학 분야의 기초가 없었어요. 수학이야 원래 잘했죠. 하지만 수학을 창문 밖의 날씨와 연결시키는 데에는 어느 정도 시간이 걸렸어요."

먼저, 이네즈는 기상학자가 날씨에 관해 이야기할 때 사용하는 용어를 배워야 했다. 예컨대 '원시 방정식primitive equations'은 원래 그대로의 방정식이 아니다. 그 말은 기상학자가 사용하는 가

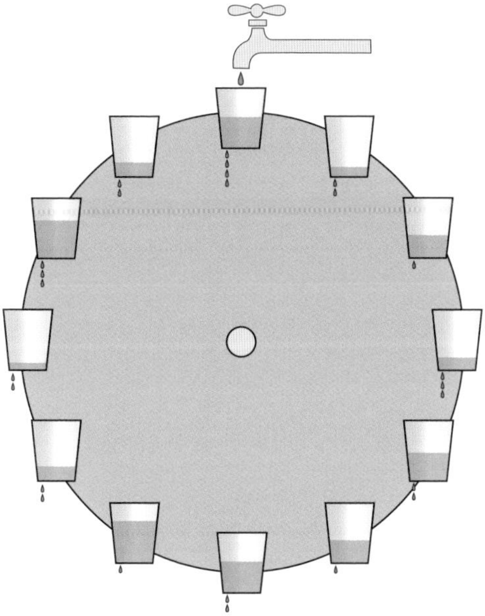

로렌즈의 수차는 카오스 이론을 설명해준다. 맨 위쪽 컵에 물이 채워질 때 다른 컵에서는 바닥에 있는 구멍으로 물이 서서히 빠져나간다. 그 결과 무게의 불균형이 수차 바퀴를 돌게 만든다. 다른 컵들이 채워지고 비워짐에 따라 수차 바퀴는 한쪽 방향으로 돌다가 다른 쪽 방향으로 돌게 되는데 이는 예측이 불가능하다.

장 기초 방정식 세트라는 뜻이었다. 그다음으로 그녀는 이미 알고 있는 것을 다르게 생각하는 법을 배워야만 했다. 이네즈는 수학에서 0°가 오른쪽, 그리고 90°는 위쪽을 의미한다고 배웠다. 하지만 기상학에서는 0°가 위쪽(북쪽)이고, 90°는 오른쪽(동쪽)이다.

이네즈는 곧이어 날씨의 변화를 수학 용어로 설명하는 것도 배웠다. "저는 구름은 그저 구름일 뿐이라고 생각했죠. 구름을 설명하기 위해 방정식을 사용하리라는 건 꿈에서도 생각지 못했어요. 하지만 엄청 맘에 들었어요!"

이 모든 것들이 이네즈의 내면에 있는 수학자의 흥미를 불러일으켰다. 복잡한 자연현상을 간결한 수학적 진술로 보여주기 때문에 오늘날까지 이네즈는 이런 방정식들을 '품격 있는' 방정식이라고 부른다.

멘토를 위한 천재

이네즈는 MIT 기상학 수업에 매진하면서 논문 주제를 정해야 했다. 대학원 학생들은 각자 자신의 전공 분야에서 주제를 하나 정해 책 한 권 분량의 연구 논문을 써야 한다.

이네즈는 허리케인, 즉 홍콩의 어린 시절에 겪었던 괴물 같은 폭풍우를 선택했다. 그녀는 허리케인이 닥치면 비가 특정한 방식으로 쏟아진다는 점에 주목했다. 이네즈의 설명을 들어보자. "만약 허리케인을 만난 적이 있다면 약 20분 동안 마치 들이붓듯 폭우가 쏟아져 내리다가 약해진다는 것을 알 거예요. 그런 양상은 계속 반복됩니다. 만약 당신이 커피숍에 앉아 있다면, 조금만 기다리면 돼요. 곧 빗줄기가 약해질 때 재빨리 다른 곳으로 이동할 수 있으니까요."

이네즈는 허리케인을 레이더 이미지로 조사해보고 나서 이런 일이 발생하는 이유를 알게 되었다. 구름 띠는 이 나선형 폭풍우의 눈(중심부)에서 퍼져 나온다. 이네즈는 논문에서 허리케인이

허리케인에서 나선형 구름 띠(왼쪽)는 나선형 은하계(오른쪽)의 팔처럼 보인다. 이네즈는 논문에서 은하계 나선형 팔을 나타내는 방정식을 변경해서 허리케인 구름 띠를 설명했다.

왜 이러한 구조를 이루는지 설명했다.

대학원생에게는 논문 지도 교수가 배정되며, 지도 교수는 논문을 작성하는 동안 그 학생을 지도한다. 운이 좋게도 이네즈는 기상학 교수인 줄 차니Jule Charney가 지도 교수로 배정되었다.

줄 차니라는 이름을 들어본 적이 없을지도 모르지만 우리는 일기예보를 이용할 때마다 그의 업적으로부터 혜택을 받고 있다. 차니는 컴퓨터 기상 예측의 선구자였다. 그는 컴퓨터 모델을 이용해 날씨를 예측할 수 있다는 사실을 입증했다. 차니는 1940년대 후반에 날씨 예측에 쓰일 수학 이론을 발전시키는 데 기여했다. 그는 그 당시 가장 빠른 ENIAC 컴퓨터를 이용해 1950년에 최초로 24시간 기상 예측 시스템을 만들어냈다. 그 컴퓨터는 초당

이네즈의 논문 지도 교수 줄 차니(왼쪽)가 ENIAC 슈퍼 컴퓨터(아래)를 이용해 최초로 24시간 기상 예측 시스템을 만들었다.

5000개의 숫자를 입력할 수 있었다. 오늘날 가장 빠른 컴퓨터는 초당 수조 개의 연산을 할 수 있지만 그 초석을 다지는 데에는 차니의 공이 지대했다. 이제 모든 기상 예측은 컴퓨터로 수행한다.

이네즈가 처음 차니를 만나러 갔을 때는 차니가 누구인지도 몰랐고, 그가 현재의 길로 그녀를 이끌어줄 사람이라는 것도 몰랐다. 기상학과는 MIT 캠퍼스에서 가장 높은 건물인 그린 빌딩의 14층에 위치했다. 차니의 연구실은 복도 맨 끝에 있었다. 찰스 강이 가로지르는 보스턴의 멋진 풍경이 보였다. 이네즈는 그 순간을 이렇게 기억한다. "저는 그분의 연구실로 가서 말씀드렸죠. '제가 당신의 새로운 학생입니다.'라고요. 교수님은 무엇이든 들어줄 사람처럼 보였지만 저는 그 당시에 그분이 이룬 업적이 뭔지 알지 못했어요." 이네즈에게 차니는 그저 또 다른 한 명의 교수일 뿐이었다.

이네즈의 수업이 시작되자 차니는 결근이 잦았다. 그는 많은 시간을 여행으로 보냈다. 주로 연구 수행과 계획 아니면 강연차 떠난 여행이었다. 하지만 이네즈가 논문 주제를 선택하자 고삐를 당기기 시작했다. 이네즈는 처음에 차니의 스타일이 조금 이상하다고 생각했다. 그는 매우 우수한 과학자였다. 그는 학생들에게 가르칠 것이 많았다. 하지만 그는 학생들이 지식을 스스로 얻도록 공부를 시켰다. 그는 정답을 제시하지 않았다. 그는 이네즈에게 어려운 질문들을 던져놓고 나가버리기도 했다. 그녀 스스로

구름은 서로 상반된 방식으로 지구 기후에 영향을 끼친다. 구름은 지구로 들어오는 태양 방사선을 차단해 냉각시킨다. 하지만 구름은 또한 열이 우주로 빠져나가는 것을 막아서 지구 표면의 온난화 현상을 일으킨다. 지구가 더 따뜻해지면 차츰차츰 더 두껍고 더 방대한 구름 덮개cloud cover가 만들어진다.

답을 찾게끔 그냥 내버려둔 것이다.

"제가 논문 작업을 할 때, 허리케인 강우띠rain band를 설명하려면 풀어야 할 방정식이 뭔지 교수님에게 물었던 게 기억나요. 교수님은 단층 두 개로 이루어진 띠에서 수직 풍향 구조를 약분해보라고 말씀하시더군요. 그러고는 여행을 떠나셨죠." 그가 없을 때 이네즈는 단층 두 개로는 충분하지 않다는 것을 깨달았다. "교수님이 다시 오셨을 때, 저는 교수님이 알려주신 내용이 틀렸다고 말씀드렸지요. 교수님은 제 옆에 앉아 웃으면서 '좋아, 이제 그걸 나한테 설명해봐.'라고 말하셨어요."

어느 날 차니 교수는 이네즈에게 질문을 던졌다. "구름이 되면 어떤 기분이 들 것 같은지 상상해보겠나?" 어리석은 말처럼 들렸겠지만, 그 질문은 이네즈가 구름에 대해 더욱 깊이 생각하는 계기가 되었다.

구름은 무엇으로 이루어졌나? 구름은 어떻게 만들어질까? 구름은 대기를 지나면서 어떻게 움직일까?

이네즈의 학업에 차니가 가장 중요한 사람이었다는 건 분명하다. “차니 교수님은 저에게 새로운 방식으로 생각하는 법을 가르쳐주었어요. 그분은 저를 독려했어요. 사실 까다로운 선생님이었죠. 가끔씩 그분은 의도적으로 도움을 주지 않았어요. 하지만 자기 자신을 신뢰하게끔 만들기 때문에 더 많이 배웠을 거예요. 그분은 제 자신을 믿도록 해주셨어요. 열심히 노력만 하면 어떤 일도 해낼 수 있다는 뜻 아니겠어요?”

평생 친구

차니의 제자가 되자 이네즈에게 새로운 친구들이 생겼다. 차니의 지도를 받는 대학원생들은 모두 친밀한 지원 세력이 되었다. 그들은 매일 점심을 함께 먹었고, 매일 오후 3시에 만나 다과 시

구름을 볼 줄만 알면 거기에는 수많은 정보가 담겨 있다. 권운(새털구름, 왼쪽)은 가장 높은 고도에 위치하며 대부분이 얼음조각으로 이루어져 있다. 구름은 대체로 공기가 이동하는 방향을 나타낸다. 만약 습한 여름 아침에 고적운(오른쪽)을 보게 되면 오후에 뇌우(천둥소리와 함께 내리는 비)가 예상된다.

간을 가졌다. 금요일 오후에는 맥주를 마시기 위해 모였다. 한 달에 한 번씩 그린 빌딩 14층에 있는 차니의 서재에서 회합을 가졌다. 각자 일 달러씩 내서 와인과 치즈를 샀다. 이네즈는 기억을 되살리며 이렇게 말한다. "우리는 연구와 수업 그리고 과제에 관해 이야기했어요. 때때로 우리는 교수에게 물어볼 질문을 만들었고, 예상 답변을 종이접시 위에 아무렇게나 써 갈겼어요."

하지만 이 모임에는 수업과 학교 프로젝트 이상의 무엇이 있었다. 많은 사람들이 가까운 평생지기가 되었다. 에드 새러킥Ed Sarachik은 이미 브렌다이스Brandeis 대학교에서 박사 학위를 받았다. 그는 차니의 감독 아래 연구 프로젝트를 수행하려고 MIT에 왔다. 다른 학생들은 모두 그를 우러러보았다. "에드는 우리를 돌봐주었어요. 우리는 문제가 생기면 그에게 가지고 갔어요. 아니면 그가 우리 연구실에 와서 무엇을 하고 있느냐고 묻곤 했죠. 저는 아직도 에드와 연락하고 지내요. 그의 판단과 정직성, 우정을 믿고 있어요. 제가 잘못된 방향으로 가고 있다고 말해주면 일단 다 듣고 나서 반박을 하죠."

이네즈와 같은 시기에 안토니오 마우라Antonio Moura와 자가디시 슈클라Jagadish Shukla가 기상학과에서 공부를 시작했다. "우리는 수업을 함께 들었으며, 매일 밤 14층의 연구실에서 숙제를 함께 했어요."라고 그녀는 기억을 되살리며 말한다.

안토니오(브라질 출신)와 자가디시(인도 출신)는 이네즈처럼 외

이네즈 펑, 안토니오 마우라(가운데), 자가디시 슈클라는 공통점이 많았다. 모두 미국 은어와 빈둥거리는 걸 좋아하는 외국 학생들이었다.

국인 학생이었다. 세 사람은 모두 영어를 유창하게 구사했다. 하지만 그들은 여전히 미국 은어에 재미를 느꼈다. "청어는 생선이지만 '붉은색 청어'는 잘못된 단서, 즉 관심을 딴 데로 돌리고 사람을 헷갈리게 만드는 것을 의미하죠. 이런 표현 속에 숨어 있는 유용한 정보를 찾기 위해 우리는 그런 표현들을 알아야 했어요."

이네즈의 연구실 동료인 존 윌릿John Willett도 차니 그룹의 일원이었다. "그는 저에게 오빠나 다름없어요."

에우헤니아 칼나이Eugenia Kalnay 또한 이네즈의 핵심 멤버가 되었다. 그녀는 MIT 기상학과에서 최초로 박사 학위를 딴 여성이었는데, 국립기상청에서 환경 모델 제작을 관리하기 위해 떠났다. 에우헤니아는 이네즈가 기상학과에 들어오기 전에 학위 과정을 마쳤다. 그녀는 이네즈가 대학원 과정을 끝낼 즈음 다시 MIT 교수로 돌아왔는데 이후 두 사람은 친구가 되었다.

현재의 에우헤니아는 이렇게 말한다. "MIT 소속 여성이 되려면 좀 강인해져야 돼요. 저는 이네즈가 명석한 데다가, 나아가고 싶은 곳을 알고 있는 것 같아서 존경했어요. 그녀는 강하고 활기가 넘쳤어요."

짐 비숍Jim Bishop이라는 이름의 캐나다인 화학과 학생은 가끔 모임에 나타났다. 그는 이네즈를 곧바로 알아보았다. "이네즈는 엄청나게 잘 웃었어요."라고 그는 말했다. 짐의 연구실은 그린 빌딩에 있는 이네즈의 연구실 바로 밑에 있었다. 그녀는 복도에서 그리고 강의실을 오갈 때 짐과 마주치곤 했다. 이네즈는 연구실에서 밤늦게까지 일하곤 했는데, 아래층에서 수시로 늦게까지 일하던 짐은 14층으로 올라와 차니의 사무실 밖 복도에 있는 커피 메이커를 자주 사용했다.

짐은 캐나다 브리티시 컬럼비아British Columbia의 밴쿠버Vancouver 출신이다. 이네즈 부모도 최근에 퇴직하고 그 도시로 갔다. 부모가 밴쿠버에 거주하는 대학원생은 이네즈와 짐밖에 없었다. 두 사람은 휴일에 함께 비행기를 타고 집에 가기 시작했다.

대학원에서 함께 보낸 6년 동안 두 사람은 더 가까운 사이가 되었다. 펑과 비숍 가족들도 공항으로 마중 나오거나 배웅하러 나와 공항에서 기다리면서 서로 잘 알게 되었다. "짐의 부모는 밴쿠버 유지였죠. 그분들은 제 부모에게 무척 잘해주셨어요."

이네즈와 짐은 1976년 대학원 공부가 거의 끝날 무렵에 결혼하기로 결정했다. 양가 부모는 두 사람이 모두 MIT에서 박사 학위를 취득하기 바로 2주 전인 12월 30일로 결혼 날짜를 잡았다.

기발한 생각

졸업은 다가오는데 이네즈는 여전히 기상학 학위를 가지고 무엇을 하고 싶은지 확실히 정하지 않았다. 차니 그룹의 한 친구인 마크 케인Mark Cane이 그녀에게 NASA의 박사 후 연구원 자리에 지원해보라고 제안했다. 그곳은 NASA 과학자들의 지도하에 연구를 수행하는 자리였다.

마크는 MIT 대학원에 입학하기 전에 맨해튼에 있는 NASA의 고다드 우주연구소Goddard Institute for Space Studies, GISS에서 컴퓨터 프로그래머로 일했다. 마크는 GISS에서 제공하는 기회들을 잘 알고 있었다. 마크는 그곳이 이네즈가 경력을 시작하기에 좋은 곳

짐 비숍은 이네즈와 친구로 지낼 때 해양 화학 박사 과정이었다. 두 사람은 박사 학위 취득 직전에 결혼했다.

이 될 것이라고 생각했다.

기상학 박사 학위를 취득한 과학자가 어째서 NASA를 목표로 삼았을까? 사람들은 NASA가 미국 항공우주국이고 우주 탐험이 이 기관의 주요 임무라는 것을 알고 있다. 하지만 NASA의 또 다른 축을 이루면서 대부분의 사람들이 모르고 있는 임무는 '우리가 사는 행성, 즉 지구를 이해하고 보호하는 것'이다. 수백 명의 NASA 과학자들은 우주선, 인공위성, 수상관측소에서 취합하는 데이터를 이용해 지구의 대기, 해양, 대지 표면을 연구하고 있다. 바로 기상학 학위자가 적임자였다.

NASA의 박사 후 연구원 자리는 하늘의 별 따기였다. 전국에서 몰려온 수백 명의 지원자들과 경쟁해야 했다. 그녀는 무엇을 해야 하는지 마크 케인과 의논했다. 결국 이네즈는 인공위성 데이터를 이용해 해양 표면 온도와 해류를 연구하겠다는 프로젝트를 제안하기로 했다.

신혼 생활과 학위

이네즈는 다가오는 결혼을 기상학과 교수들에게는 비밀에 부쳤다. 줄 차니 교수조차 전혀 모르게 진행했다. 수십 년 전만 해도 일부 남성들은 여성을 박사나 과학자로 훈련시키는 게 시간

낭비라고 생각했다. 그들은 여성들이 일을 그만두고 시집가서 가족을 돌보기 위해 집에 머무를 것이며, 그들이 받은 교육을 전혀 사용하지 않을 거라고 생각했다.

곧 기상학 박사 학위를 받을 예정인 이네즈가 결혼을 준비하고 있다고 하면 교수들이 어떻게 반응할지 몰랐다. "저는 그냥 교수들에게 말하지 않았을 뿐이에요."

할 일이 너무 많았기에 기숙사에서 온 이네즈의 친구들이 결혼식 준비를 거들었다. 한 친구는 웨딩드레스를 찾느라 보스턴 전역의 드레스 업체를 조사하고 다녔다.

다른 친구들은 도자기 그릇 무늬를 골라주었다. 한편, 이네즈는 학위 논문을 쓰고 있었다. 그녀는 때때로 그린 빌딩에 있는 연구실에서 모든 책과 서류들 밑에 깔린 것처럼 느꼈다.

3000마일 떨어진 밴쿠버의 펑 가족과 비숍 가족 역시 바빴다. 그들은 결혼식의 각 세부 계획을 짰다. 이네즈 말마따나, "식장에 나타나는 것이 우리가 해야 할 일의 전부였어요."

친한 친구 몇 명만 결혼식에 참석하러 MIT에서 밴쿠버로 왔다. 결혼식은 이네즈 부모 집 거실에서 진행되었다. "무척 조촐한 결혼식이었어요. 짐의 아버지는 캐나다 군대에서 근무하셨기 때문에 고맙게도 군목軍牧이 와주셨어요." 짐의 부모는 결혼식 전에 신랑 신부를 위해 축하연을 열었고, 그다음에 이네즈의 부모는 신랑과 신부, 그리고 모든 하객에게 중국식 만찬을 대접했다. "중

이네즈와 짐은 1976년 12월 30일에 부모가 살았던 브리티시 컬럼비아의 밴쿠버에서 결혼했다. 펑 가족 거실의 축하연(아래)에서 갓 결혼한 신랑 신부가 가족과 친구들에 둘러싸여 있다.

국식 행사에 음식이 빠질 수야 없죠."

이네즈는 성姓을 그대로 유지했다. "작성할 문서가 줄어들잖아요."라고 그녀는 농담을 한다. 하지만 그 선택은 문화적 요인이 컸다. 중국에서는 여성이 결혼을 해도 가족 이름, 즉 성을 포기하지 않는다. 단순히 남편의 성을 추가할 뿐이다. 이네즈는 간단하게 성인 '펑'만 유지하는 쪽을 선택했다.

결혼 후 신혼여행을 갈 시간이 없어서 이네즈와 짐은 모래와 태양이 있는 열대 섬으로 떠나지 못했다. 그들은 비행기를 타고 케임브리지로 돌아왔다. "우리는 논문을 완성하기 위해 매일 밤 늦게까지 그린 빌딩에서 일했어요." 다시 한 번 기숙사 친구들이

이네즈를 도우려고 뭉쳤다. 그들은 학위 논문을 읽고 교정을 봐주었다. 그들은 논문의 그래프와 표, 캡션을 점검했으며, 페이지 번호까지 맞는지 검토했다. 이네즈는 그때를 회고하며 이렇게 말했다. "저는 논문 문단 사이에 감사의 글을 써 넣어야 했어요."

마침내 이네즈는 학위 논문을 제출했다. 그다음에는 학위 논문 심사가 있었다. 이 '논문 심사'는 학생들이 학과의 심사 위원 교수들 앞에서 신경을 곤두세우는 고문의 시간이다. 교수마다 학생에게 논문 주제와 관련한 어려운 질문을 한다. 학생이 그 질문에 얼마나 잘 대응하는지에 따라 심사 통과와 학위 수여 여부가 결정된다.

"학위 논문 심사 후에 저는 교수들의 평가에 신경이 많이 쓰였어요." 그녀는 그린 빌딩의 14층 엘리베이터 문이 바라다 보이는 방에 홀로 앉아 있었다. 교수들은 9층 시험장에서 이네즈의 논문을 심사했다. 심사가 끝나면 이네즈가 있는 방으로 와서 결과를 알려줄 예정이었다.

이네즈는 시곗바늘이 엉금엉금 느리게 돌아가는 것을 지켜보았다. 심사위원회의 결정은 오랜 시간, 너무 긴 시간이 걸렸다. "그 시절에는 '합격' 아니면 '불합격'이었죠. 그 중간은 없었어요. 아주 사소한 실수라도 '불합격' 사유가 되기에 충분했으니까요."

마침내 엘리베이터 문이 열리고 차니를 선두로 교수들이 걸어 나왔다. 차니는 이네즈를 보고 미소를 지으며 말했다. "우리는 자네의 합격 여부를 결정하지 못했네. 그래서 결혼 선물로 주기로 했지. 자네를 졸업시키기로 말이야." 그들은 모두 짐과 이네즈의 결혼 사실을 알고 있었던 것이다. 차니는 농담처럼 그 이야기를 했지만 이네즈로서는 실망스러웠다. "저는 그 당시에 유머 감각이 없었어요." 이네즈의 낙담한 표정에 놀라서 차니는 재빨리 농담을 멈추었다. 그는 논문이 훌륭했다고 말했다. 심사 위원들이 즐겁게 그 논문에 관해 논의했다고도 했다.

에드워드 로렌즈를 포함해 심사 위원으로 참여했던 교수들이 한 명씩 이네즈에게 다가와 결혼을 축하해주었다. 몇 년 전에 기상학을 공부하라고 처음 권유했던 말커스 교수는 이네즈에게 메모를 써 보냈다. 논문 심사 때 자기가 던졌던 상당히 까다로운 질문에도 매우 잘 대답했다고 칭찬해주는 내용이었다. 이네즈는 홈런을 쳤다. 금상첨화도 있었다. 이네즈의 논문은 해마다 가장 우수한 기상학 논문에 수여하는 MIT 로스비상Rossby Award을 수상했다.

박사 학위증을 들고 행복한 표정을 짓는 이네즈. 전문 직업인으로 살아가기 위해 큰 발걸음을 내디디려 하고 있다.

1977년 초 이네즈는 기상학 박사로 MIT를 졸업했다. 그것은 꽤 특별한 사건이었다. MIT의 기상학과는 1928년에 설립되었다. 이네즈는 기상학으로 박사 학위를 받은 두 번째 여성이었다. 그녀의 친구 에우헤니아 칼나이 다음으로 두 번째였다! 그녀는 NASA의 박사 후 연구원 자리도 얻었다. 남편 짐 역시 뉴욕 근교 컬럼비아 대학교의 라몬트-도허티 지질관측소Lamont-Doherty Geological Observatory에서 박사 후 연구원 자리를 얻었다.

남편, 박사 학위, 그리고 새 직장과 함께 이네즈에게는 모든 것이 순조롭게 돌아가는 것 같았다. 하지만 그녀는 겉모습만으로 판단할 수 없다는 것을 곧 알게 되었다.

이네즈는 다시 뉴욕으로 돌아갈 기회를 얻었다.

그녀는 다시 남편과 집에 안부 인사를 하게 되었다.

맨해튼에 위치한 NASA의 고다드 우주연구소는 거의 15년 동안 이네즈의 집이나 마찬가지였다.

5장

필요한 우회로

1977년 1월 이네즈와 짐은 모든 짐을 싸서 매사추세츠의 케임브리지에서 뉴욕으로 이사했다. 그들은 서부 할렘Harlem의 서쪽 115번가에 있는 방 두 개짜리 작은 아파트를 얻었다. 그 아파트는 이네즈의 새 직장에서 걸어갈 만한 거리에 있었고, 짐이 허드슨 강을 건너 라몬트로 출근할 때 타는 셔틀버스 정류장과도 가까웠다.

2월 첫 출근을 하던 날 이네즈는 들뜬 상태로 옷을 차려입었다. 그리고 잠시 걸어서 브로드웨이와 112번가 모퉁이에 있는 평범한 회색 벽돌 건물로 갔다. 그 건물의 맨 아래층에는 '탐스 레스토랑'이 입점해 있었다. 그곳은 TV 시리즈 〈사인펠트Seinfeld〉에서 제리 사인펠트와 그의 친구들이 함께 시간을 보냈던 식당이

이네즈와 짐은 일이 끝나면 자유의 여신상 등 뉴욕의 수많은 볼거리와 명소를 돌아다녔다.

다. 식당 위쪽 여섯 개 층은 NASA의 고다드 우주연구소가 사용했다.

이네즈는 그날 정장으로 차려입었다. MIT 시절엔 청바지와 플란넬 셔츠와 하이킹 부츠를 신었지만 이제는 직업 전선으로 들어섰기 때문에 새 정장을 한 벌 마련했다. 그녀가 입어본 최초의 정장이었다. 1977년 초에 GISS에서는 여성 과학자가 드물었기 때문에 이네즈가 출근하자 한 여성이 이네즈를 보고 놀라워했다. 그녀는 그때를 이렇게 회상한다. "그 여자분이 저에게 임시직 비서냐고 묻더군요. 저는 그녀에게 이번에 새로 온 박사 후 연구원이라고 말했어요. 그러고는 제 연구실이 어디냐고 물었죠."

이네즈는 상사에게 인사하러 갔다. 상사는 이네즈와 함께 일할 팀이 뉴욕에 없다는 사실을 알려주었다. 그 팀의 근무지가 메릴랜드 주의 그린벨트에 있는 고다드 우주항공센터로 옮겨졌다는 것이다. 이네즈의 말을 들어보자. "직장 상사는 팀과 저에게 좋은 기회가 될 거라고 여겼어요. 제 머릿속엔 '이 이야기를 왜 미리 말해주지 않았어?'라는 생각뿐이었어요."

처음에는 충격을 받았고 혼돈스러웠다. 그 다음에는 화가 났다. 무엇을 할 것인가? 이네즈나 남편 모두 뉴욕에서 직장을 다닌다고 생각해서 바로 전에 그곳으로 이사하지 않았던가! 지금은 그녀의 일자리가 300킬로미터나 멀리 떨어진 곳에 있었다.

메릴랜드로 떠나기

모든 과학자들이 그렇듯이 이네즈는 상황을 논리적으로 바라보려고 했다. 그녀 앞에 놓인 선택지는 두 가지다. 메릴랜드로 옮겨 남편과 떨어져 사는 것을 받아들이거나 아니면 때려치우고 이 나라를 떠나는 것이다. 이네즈는 아직 미국 시민이 아니었다. NASA가 그녀의 특별 연구원 자격을 보증했기 때문에 그동안 미국 체류를 허가하는 특별 비자를 발급받았다. 따라서 그녀가 특별 연구원 자격을 유지하는 동안만 미국에 체류할 수 있었다. 미국을 떠나는 것은 좋은 선택이 아니었다. 그녀는 어디로 갈 것인가? 남편은 어떡하고? 남편이 직장을 그만두고 다른 나라로 그녀를 따라 갈 것인가? 아니다. 그 시점에서 그녀가 취할 수 있는 가장 좋은 선택은 메릴랜드로의 근무지 이전을 받아들이는 것이었다.

이네즈의 결정은 이치에 맞았다. 하지만 젊은 과학자의 생애에서 힘겨운 18개월이 시작되었다. 이네즈의 삶은 자유롭고 개방적인 MIT 대학 환경에서 말단 정부 연구원의 삶으로 바뀌었다.

MIT에서처럼 탐구를 권장받기는커녕 줄줄이 과학자와 기술자의 간섭을 받았다. 이네즈에게는 달성해야 할 과제가 있었다. 그녀는 해수면의 온도를 결정짓는 과정들을 연구하고, 그것이 해양 표면에 따라 어떻게 달라지는지 연구해야 했다. 이것은 나쁜 주제가 아니었다. 그녀는 이 주제에 흥미가 있었다. 문제는, 그녀의 호기심을 유발하는 다른 질문들을 탐구할 여지가 거의 없다는 점이었다.

근무시간도 이상하게 운영되었다. 이네즈가 일을 하려면 컴퓨터가 필요했다. NASA의 컴퓨터 시스템은 성능이 좋아졌지만 단지 세 대의 컴퓨터 단말기만 쓸 수 있었다. 그 당시 이네즈가 자신의 처지를 묘사한 것처럼, '말단 박사 후 연구원에 불과한' 이네즈는 고위직 과학자와 프로그래머가 사용하지 않을 때만 컴퓨터 단말기를 사용할 수 있었다. 이것은 그녀가 오후 늦은 시간까지 일을 시작할 수도 없다는 것을 의미했다. 그녀는 매일 오후 약 3시쯤에 일을 시작해서 밤늦게까지 일했다.

이네즈는 캐시 겝하드Cathy Gebhard와 함께 워싱턴 D.C. 근처에 있는 아파트를 구했다. 캐시도 워싱턴으로 이사 오기 전에 차니의 조교로 일했던 친구였다. 아파트가 열차 종점 근처에 있었기에 열차를 타고 직장으로 출퇴근했다. 하지만 그것은 상황이 종료된 긍정적인 부분에 해당한다. 이네즈는 고다드에서 밤새 일하는 동안 식당에서 주문한 음식을 들고 와야 했다. 그녀는 그 시절

메릴랜드 주 그린벨트에 있던 고다드 우주항공센터(위)에서 일했던 18개월 동안 이네즈는 미국의 수도 워싱턴 D.C.에 살았다. 하지만 워싱턴 기념비(오른쪽)와 같은 명소를 구경할 짬은 거의 나지 않았다.

을 이렇게 회고한다. "제 식사는 전부 패스트푸드였어요. 고다드 건물 지하실에 전자레인지가 있었죠. 그때만 해도 그건 대단한 기구였어요. 전자레인지에 튀겨 먹던 팝콘을 특별 저녁식사로 여길 정도였으니까요!"

금요일이면 이네즈는 유니온 역으로 가서 뉴욕행 열차를 탔다. 선로는 허구한 날 수리 중이었던 것 같았다. 열차가 출발해 서서히 움직이다가 멈췄다. 열차 승객들은 정차한 상태에서 기다렸다. 그 후 열차가 다시 출발했다. 몇 인치 더 나아갔으려나? 네 시간이 다섯 시간으로 늘어나기 일쑤였다.

그렇게 뉴욕에 도착하면 그녀는 거의 기진맥진 상태였다. 너무 지쳐서 잠만 자고 싶었다. 그런데 그 사실을 깨닫기도 전에 다시 열차를 타고 워싱턴으로 돌아와야 했다.

뉴욕으로의 탈출

이네즈는 자신이 우울한 상황에 갇혀 있다는 것을 알아차렸다. 함께 일하는 사람들은 친절했다. 하지만 그녀의 일은 할당된 업무 이외의 일에는 호기심을 보일 여지를 주지 않았다. 워싱턴 D.C.를 돌아다닐 시간도 많지 않았다. 워싱턴과 뉴욕 사이를 오가는 긴 주말 통근 시간도 문제였다. "저는 심각하게 그만두려고 했어요."

이네즈가 막 포기하려고 할 때 줄 차니가 구원의 손길을 뻗었다. 이네즈가 MIT 학생이었던 시절 이후 차니는 일을 그만두고 고다드 그룹과 함께 일을 했다. 그는 가끔씩 미팅 때문에 그린벨트에 들러 그 그룹과의 관계를 계속 유지했다. 그렇게 방문하던 중에 한번은 예전의 최우수 지도 학생이었던 이네즈에게 몇 가지 조언을 했다. "그분은 제가 하는 일이 인생에서 일부분에 불과하다고 말씀해주셨어요. 뉴욕으로 돌아가 남편과 함께 살아야 한다고 하시더군요."

이산화탄소의 기초

이산화탄소는 무색무취의 가스다. 17세기에 공기와는 완전히 다른 물질로 묘사된 최초의 가스 중 하나다. 그것의 화학 구조식, 즉 과학자들이 흔히 사용하는 단축어는 CO_2다. 그것은 난순히 탄소 원자 하나와 산소 원자 두 개가 연결되어 있다는 것을 의미한다.

차니는 그녀에게 탄소에 관해 공부하라고 권유했다. 이산화탄소는 지구 대기의 온난화에 중요한 영향을 끼친다. 1970년대 말에는 미미했지만 점점 많은 과학자들이 인간의 활동 때문에 대기 중 이산화탄소량이 증가하게 될 거라는 변화 양상에 관심을 돌렸다.

이산화탄소는 화석연료가 연소되는 과정에서 방출되는데, 그 어느 때보다도 많은 이산화탄소의 양은 미래에 지구의 평균 온도가 상승하리라는 걸 지적하는 것 같았다. 차니는 이 질문에 흥미

이네즈와 짐은 맨해튼에 있는 아파트 15층에 살았다. 거실 창문으로 보이는 전경.

를 느꼈다. 차니는 이네즈가 탄소를 공부해서 프로젝트를 함께하는 게 좋겠다고 말했다.

이네즈는 차니가 자신의 권유를 뒷받침할 행동을 빨리 할 거라고 생각했다. 그녀는 여전히 확실히 모른다. 운 좋게도 우연의 일치가 일어날 수 있지만 아마도 차니가 NASA의 GISS 소장인 제임스 한센James Hansen에게 말해서 뉴욕에서 할 만한 이네즈의 일자리를 알아봐달라고 했을 것이다. 이네즈의 MIT 친구 마크 케인 역시 그때 고다드 프로젝트에서 일하고 있었다. 그도 한센에게 이네즈 이야기를 해주었다. 어쨌든, 이네즈는 1979년 초에 GISS로 전근했다. 그곳은 바로 그녀가 원래 일하기로 되어 있던 맨해튼이었다.

이네즈는 뉴욕으로 다시 돌아갈 기회를 얻었다. 그녀는 다시 남편과 집에 안부 인사를 하게 되었다. 그리고 오랜 시간이 걸렸던 주말 여행과도 작별을 고했다. 그녀는 GISS로 돌아온 게 그녀가 과학자로 성장하는 데 얼마나 중요한 일이었는지 그때는 미처 몰랐다.

일과가 끝나면 이네즈와 짐은 뉴욕을 돌아다녔다.

두 사람은 영화 관람을 좋아했고 토요일이면 센트럴파크를 거닐었다.

시간이 나면 가끔 짐과 함께 센트럴파크에서 오랫동안 걸었다.

6장

성장과 변화

메릴랜드에 있는 NASA의 고다드 우주항공 센터GSFC에서 뉴욕에 있는 NASA의 고다드 우주연구소GISS로 이동한 것은 새로운 기회가 되었다. 이네즈 펑은 고비를 넘기고 의욕을 되찾았다. 메릴랜드에서의 생활이 그녀의 인생에서 어려운 시간인 것만은 아니었다. 중요한 인생 수업이었다.

이네즈는 일이 뜻대로 되지 않을 때 앉아서 불평만 늘어놓는 사람이 아니다. 대신 그녀는 그 상황을 주의 깊게 살펴본다. 그 후에 경험을 통해 긍정적인 뭔가를 끌어내는 길을 찾는다. GSFC에서 보낸 18개월은 분명히 문제점이 있었다. 하지만 그 기간은 이네즈가 한 사람의 과학자로 성장하는 데 도움이 된 결정적인 과정이기도 했다.

오늘날의 이네즈는 그 시절을 이렇게 평가한다. “길을 따라가다가 적절한 때 멈춤 표지판을 만난 거였죠. 왜냐하면 제가 거기서 해양을 연구해야 했기 때문이에요.” 뉴욕에 있는 NASA 팀은 해양 전문가가 필요했다. 뉴욕에 있는 NASA 연구센터 소장이 이네즈의 고용 여부를 고려했을 때 그런 배경이 이점으로 작용했다.

새로운 환경

1979년 3월에 이네즈는 맨해튼의 브로드웨이와 112번가 모퉁이에 있는 회색 벽돌 건물, 즉 GISS 본부로 돌아왔다. 그녀가 도착할 무렵 GISS의 임무는 우주 연구에서 지구 환경 연구로 바뀌었다.

NASA에서 GISS 본연의 임무는 대개 금성이나 화성 같은 다른 행성의 대기 상태를 연구하는 것이었다. 1970년대 초에 우주국은 여전히 유인 아폴로 우주선을 달에 보내고 있었다. 논리적으로 보면 가까운 행성으로의 여행이 다음 단계일 것 같았다. GISS 연구는 이런 행성들의 기후를 이해하도록 NASA를 도왔다. 이에 힘입어 NASA는 다른 세계로 우주 비행사를 보낼 준비를 하고 있었다.

하지만 1970년대 후반 NASA에 대대적인 변화가 일어났다.

1969년부터 1972년까지 우주 비행사를 달로 많이 보냈던 아폴로 프로그램이 종료되었다. 가까운 시일 내에 다른 행성으로 우주 비행사를 보낼 계획은 없었다. 따라서 다른 행성 연구비가 삭감되었다.

그 당시 지구를 도는 수많은 인공위성이 있었다. 인공위성 중 상당수는 지구의 대기에 관한 데이터를 수집했다. GISS에는 새로운 주력 사업이 필요했다. 그래서 인공위성 데이터를 이용해 일기예보를 향상시키는 쪽으로 GISS의 관심이 이동했다.

1970년대 후반 NASA에는 지구를 도는 수많은 인공위성(아래)이 있었다. 인공위성들은 첨단고해상방사계Advanced Very High Resolution Radiometer, AVHRR라는 장치를 달고 있었다(삽입 그림). AVHRR은 구름 덮개와 표층 온도에 관한 정보를 수집했다. 나중에 GISS가 이런 정보들을 기후 모델에 연결시킬 수 있었다.

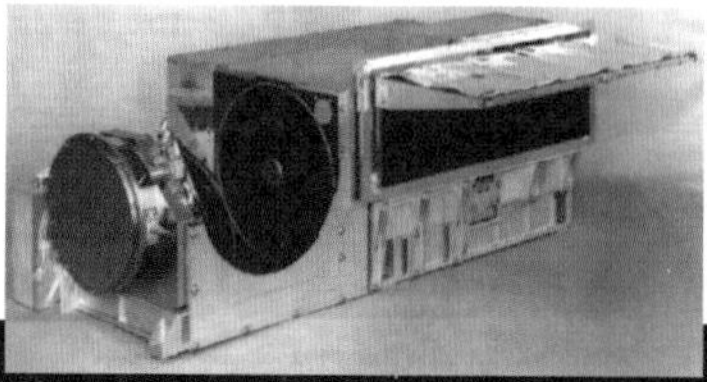

기후 모델이란 무엇인가?

이것은 플라스틱으로 만들 수 있는 것도 아니고, 패션쇼 런웨이(패션모델들이 디자이너가 만든 의상을 입고 걷는 무대를 '런웨이'라고 한다. '모델'이라는 단어 때문에 언어유희로 '플라스틱 모형'과 '패션쇼 런웨이'가 언급됐음.—옮긴이) 위에서 볼 수 있는 것도 아니다. 이 '모델'은 기후를 결정하는 자연현상들을 담아낸 복잡한 수학 방정식들의 집합이다. 엄청난 수의 방정식들과 그것들의 복잡성 때문에 반드시 컴퓨터를 이용해 계산되어야 한다.

기후 모델은 수천 개의 컴퓨터 코드로 이루어지는, 세계에서 가장 거대한 컴퓨터 프로그램에 속한다. 기후 모델은 종종 초당 수조 개의 연산을 수행하는 슈퍼컴퓨터를 활용한다. 그렇지만 이 모델이 유용한 결과를 만들어내는 데 몇 주에서 몇 개월이 걸리기도 한다.

그 모델은 어떻게 작동하는 걸까? 컴퓨터 모델이 대기와 해양을 수많은 산더미처럼 쌓인 박스 혹은 셀로 나눈다(오른쪽). 각각의 셀은 수백 마일 너비와 2마일 정도 높이의 지역을 나타낸다.

과학자들은 모델에서 기후에 영향을 끼치는 수십 가지의 요소를 살펴본다. 여기에는 태양과 지구가 방출한 에너지가 대기를 통과할 때 어떤 일이 생기는지, 바람이 대기에서 어떻게 순환하는지, 지구 표면에서 물이 증발하여 구름과 비를 형성하는 방식 등이 포함된다. 이 각각의 현상들은 모델 안에서 수학 방정식의 형태로 표시되어야 한다.

기후 모델 전문가들은 또한 각 셀마다 시작 값을 부여한다. 즉 그들은 하나의 셀에 특정 온도, 습도, 풍속과 풍향, 대기 중 이산화탄소량, 그리고 기타 등등을 입력할 것이다. 또 다른 방정식군은 한 셀의 변화가 그 주위 다른 셀들의 변화에 어떤 영향을 주는지 설명하면서 이 셀들을 서로 연결시킨다.

그다음 프로그래머들은 이 방정식과 값들을 컴퓨터 코드로 변환시킨다.

각 셀의 조건들이 일단 설정되고 자연현상을 형상화하는 방정식이 준비되면, 그 기후 모델이 작동하면서 하루, 일 년, 그리고 수 세기가 지난다. 모델이 작동하면, 즉 방정식이 상호작용하게 되면, 각 셀의 특징들이 시간의 흐름에 따라 어떻게 변하는지 계산이 가능하다. 해당 모델을 통해 수백 년, 심지어 수천 년 후의 기후 변화를 예측할 수 있다.

특정 기후 모델이 정확한지 과학자들은 어떻게 알까? 한 가지 방법은 과거의 기후를 계산해보는 것이다. 모델 개발자는 자기가 계산한 결과 값을 역사 기록과 대조한다. 두 데이터군이 동일할 경우, 그들은 자신의 모델이 현실적인 미래의 동향을 보여줄 것이라는 자신감을 갖게 된다.

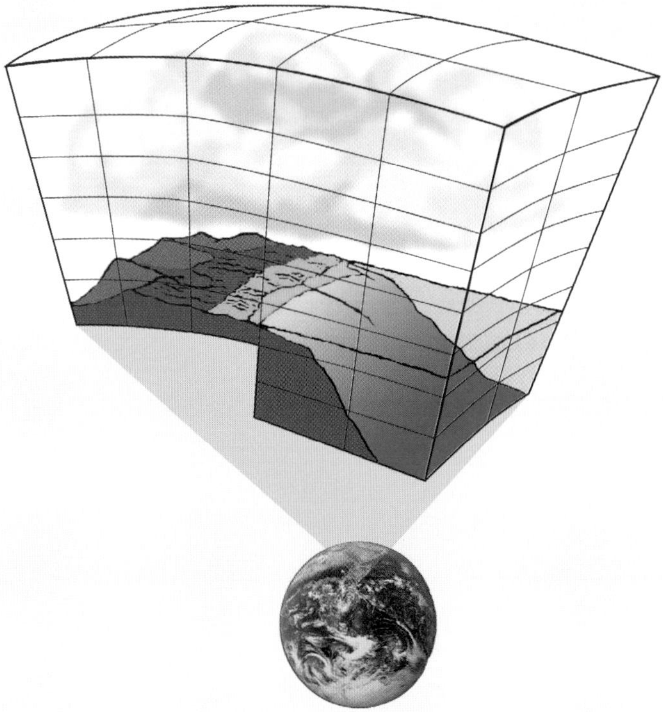

"뭐라도, 일단 시작을 해야 돼요."

1979년 봄, 이네즈가 GISS에 도착했을 때, 그곳의 과학자들은 새로운 컴퓨터 모델을 설계하고 있었다. 그들은 지구 기후가 앞으로 어떻게 변할 것인가 예측하는 데 이 모델이 도움이 되기를 바랐다.

이네즈는 메릴랜드에서 했던 작업 덕분에 컴퓨터 모델링을 잘 알고 있었다. 그녀는 이미 MIT에서도 그 작업을 한 적이 있다. 줄 차니가 대기의 컴퓨터 모델링 분야에서 이룩한 업적을 전부 배웠던 것이다. 비좁은 방에 들어선 느리고 투박한 컴퓨터를 활용해서, 차니 팀은 1950년에 최초로 24시간 후의 날씨를 예측해 냈다. 물론 이 컴퓨터는 당시로서는 최고급 사양이었다. 단지 하루 후의 날씨를 예측하는 것도 1950년대 초에는 엄청난 일이었다. 문제는, 차니 팀이 24시간 후의 날씨를 예측하기 위해서는 계산 시간이 24시간가량 필요했다는 점이다. 그러다 보니 날씨 '예보'라는 것이 실제로 창 밖에서 일어나고 있는 시점과 비슷하게 공개되었다.

그 당시 날씨 예보는 일반인에게는 별로 유용하지 않았지만, 날씨 예측이라는 과학 분야에서는 커다란 약진이었다. 1950년대 중반에는 컴퓨터의 계산 속도가 실제 날씨보다 앞서 예보할 만큼 빨라졌다. 1970년대에 들어서는 며칠 후의 날씨를 미리 알 수 있게 되었다.

날씨를 모델링하는 것과 기후를 모델링하는 것은 완전히 별개의 문제였다. 날씨 모델은 특정 시기 대기의 조건으로 시작된다. 그후 해당 조건에서 며칠 간의 시간당 변화를 예측한다. 그러나 기후 모델은 수년, 수백 년, 수천 년 동안 대기의 평균 상태를 보여준다. 또 태양 에너지의 변화나 대기의 이산화탄소량에 따라 대기가 어떻게 반응하는지를 보여준다. 게다가 기후 모델은 기후에 영향을 주는 상호 관련된 여러 자연현상도 고려해야 한다. 여기에는 해양 표면의 온도, 해류, 바람, 지구 표면의 물의 증발, 비, 공기 중의 가스와 먼지, 구름의 크기와 위치가 포함된다.

초창기의 기후 모델은 대기의 순환만 다루었다. 이네즈 말마따나 "뭐라도, 일단 시작을 해야 돼요."

하지만 과학자들은 곧 해양이 기후에 엄청난 영향을 준다는 것을 알게 되었다. 해양은 지구의 70% 이상을 덮고 있다. 해양은 지구 표면에 전반적으로 열을 분산시킨다. 해양은 대기의 습도에 영향을 주고 기온에도 영향을 끼친다. 바람의 흐름을 결정하기도 한다. 해양이 기후 조절에 관련이 있기 때문에, 유용한 기후 모델이라면 해양이 대기와 연결되어 있어야 했다.

대기에 관한 GISS 모델은 해양 요소가 필요했다. 이네즈가 GSFC에서 해양 데이터 작업을 했었기 때문에, 상사 짐 한센Jim Hansen은 GISS 모델에서 해양 관련 업무에 그녀를 배치했다. 이네

지구의 기후를 이해하려는 갖가지 노력 중에서도 해양은 핵심적인 부분이다. 이네즈는 GISS에서 기후 모델의 해양 부분을 연구했다. 그 결과 해양의 순환 및 해양에서 어느 부분이 따뜻하고(빨간색) 차가운지(파란색) 잘 이해하게 되었다.

즈는 빠르게 이 새로운 프로젝트에 몰입했다.

일과가 끝나면 이네즈와 짐은 뉴욕을 돌아다녔다. 두 사람은 영화 관람을 좋아했고 토요일이면 센트럴파크를 거닐었다. 링컨센터Lincoln Center와 카네기홀Carnegie Hall의 공연도 보러 갔다. 주말에는 롱아일랜드Long Island 남쪽에 있는 대서양 해변으로 여행을 떠났다. 집에서는 책을 읽고, 요리하고, 노란색 작은 피아노로 클래식 음악을 연주하는 걸 즐겼다. 그녀는 이따금씩 잠깐 들르는 MIT 친구들도 반갑게 맞이했다.

수프와 과학

이네즈가 GISS에서 보내는 시간이 많아지면서, 흥미로운 프로젝트가 많이 진행된다는 것을 알게 되었다. 대부분 그녀의 해양 연구와는 아무 관련이 없었다. 하지만 항상 호기심이 넘치고 배우고자 하는 열의가 남달랐던 그녀이기에, 동료 과학자들이 무슨 일을 하고 있는지 큰 관심을 보였다. 동료들과 친해지자 그녀는 질문을 퍼부었다. 그동안 몰랐던 흥미로운 사실을 알게 되면 그것을 좀 더 알아보려고 자기 일을 오래 중단하기도 했다. "자기 할 일은 해야죠. 하지만 그렇다고 생각을 멈출 수는 없잖아요. 물어볼 게 생기는 걸 어떡해요. 지적인 탐구가 우리를 앞으로 나아가게 하는 거 아니겠어요?"

이네즈는 해양 과제를 해나가는 한편, 가까운 연구실에 있던 두 여성의 연구에 큰 흥미를 갖게 되었다. 두 사람은 초목vegetation 지도를 활용한 연구를 하고 있었고, 컴퓨터에 뭔가를 프로그래밍하고 있었다. 그들의 연구는 어떻게 해서 기후 모델에 꼭 들어맞았을까?

초목 역시 기후에 영향을 준다. 하지만 기후 과학자들은 그 사실을 이제 막 배우고 있었다. 그들은 대기와 해양의 결합이 중요하다는 것을 알게 되었다. 1970년대 초중반, 몇몇 소수만이 나무와 여러 식물 또한 기후 모델링에 중요하다고 주장했다.

이 소수의 목소리 중 하나가 기상학자 밥 디킨슨Bob Dickinson의 주장이었다. 그는 육지에서 무슨 일이 벌어지고 있는지 살펴보지도 않고 정확한 기후 모델을 만드는 것은 불가능하다고 말했다. 예를 들어 디킨슨은 나무의 증산작용transpiration이 지구의 기후를 형성하는 데 영향을 준다고 이야기했다. 이 과정에서 식물들은 뿌리를 통해 물을 흡수하고 이 물을 이파리에 있는 기공stomata이라 불리는 작은 구멍들을 통해 수증기로 배출한다.

식물에서 수분이 증발하면 식물의 온도가 낮아지고 땅속의 열기가 빠져나온다. 이는 광활한 삼림 지역의 온도에 영향을 준다. 디킨슨은 북아메리카의 북쪽과 아시아에 숲이 많다는 것에 주목했다. 예를 들어 캐나다와 러시아의 거대한 삼림에서 발생하는

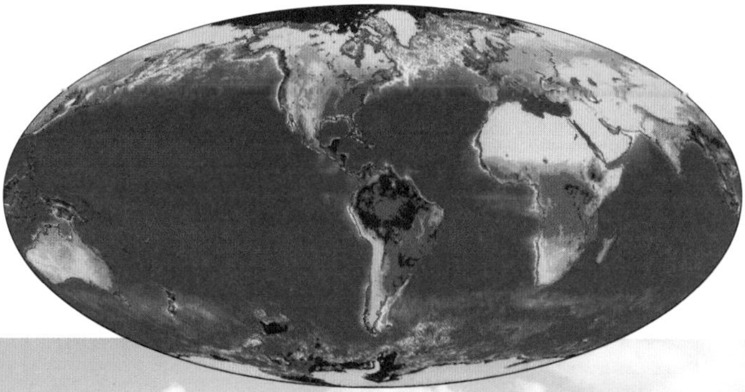

거대한 숲은 육지 위쪽의 대기의 온도와 습도에 영향을 준다. 위성 장치로 수집된 정보는 지구 전체의 초목의 추이를 보여준다.(지도)

증산작용의 양과 효과를 제대로 알지 못하면 해당 지역의 대기 온도를 알아내는 것도 불가능할 터였다.

생태학자들은 당연하게 여겼으나 기후학자들은, 적어도 초반에는, 널리 받아들이지 않는 사실이었다. 일부 과학자들은 기후 모델에 식물을 추가해야 된다는 생각을 비웃었다고 이네즈는 전한다. "아, 당근이랑 콩을 추가하자는 거지?" 그들은 농담 삼아 말했다. 하지만 기후를 결정하는 수많은 요인을 이해해가면서, 과학자들은 육지의 생태계 또한 기후에 영향을 준다는 것을 알게 되었다.

짐 한센은 기후 모델에 지표면을 추가해야 한다는 것을 알게 되었다. 그래서 그는 컬럼비아 대학교 지리학과 학생 케이티 프렌티스Katie Prentice와 컴퓨터 매핑(지도 전산화) 전문가 일레인 매슈스Elaine Matthews를 채용해 작업을 시작했다. 매슈스는 종이 지도로 되어 있는 지구의 초목 범위를 숫자로 변환했다. 그렇게 하면 지구의 초목들을 기후의 수학 모델에 추가할 수 있었다. 프렌티스는 기후 변화에 따라 초목이 어떻게 달라지는지를 나타낼 분류 체계를 연구했다. 이는 초목의 변화에 따른 기후의 변화도 보여주는 것이었다.

이네즈는 호기심이 자신을 이길 때까지 지켜보았다. "늘 그렇듯, 저는 참견하기를 좋아했어요. 다른 사람들한테 가서 뭘 하고 있는지 물어봤죠." GISS 여성 중에서 자기 분야의 일을 맡아 하는 사람은 겨우 대여섯 명에 불과했기에 케이티와 일레인, 이네즈

사이에는 유대감이 생겼다. 그들은 매일 점심을 같이 먹기 시작하면서, 수프와 샌드위치 너머로 과학 이야기를 나누었다.

"점심시간에, 케이티 프렌티스와 일레인 매슈스가 뭘 하고 있는지 이해하려고 생태학을 배우기 시작했죠. 매일매일 제가 질문을 하면 그들이 대답을 해줬어요. 저는 생태학 언어를 배웠어요. 그들이 생각하는 방식을 배운 셈이죠."

GISS가 컴퓨터 모델을 어떤 식으로 만들려고 하는지 잘 알았으므로, 이네즈는 그들의 호의에 보답할 수 있었다. 이네즈는 두 여성의 데이터가 기후 모델에 유용하게 활용될 수 있도록 도와주었다.

퍼즐 조각을 맞추다

케이티와 일레인과 함께했던 이네즈의 연구는 앞으로 펼쳐질 수많은 공동 연구의 시작일 뿐이었다. 대부분의 경우, 이네즈는 자신에게 주어진 과제를 벗어나 다른 분야까지 탐구하려고 했다. 어떤 과학자들은 좁은 분야의 전문가가 되어 절대 그 밖으로 벗어나지 않는다. 이네즈는 그런 틀에 갇히려고 하지 않았다. 물론, 그녀는 기후 과학자였다. 하지만 그녀는 그 분야에서 새롭게 탐구할 여지가 많다는 것을 알았다.

"어떤 사람들은 당신을 상자 안에 넣으려고 해요. 하지만 제 마음은 그 상자가 있는 줄도 몰랐어요." 이네즈는 과학자가 대기의 이산화탄소를 연구할 때, 해양도 같이 연구하는 게 뭐 어떠냐고 판단했다. 육지도 연구할 수 있으면 하고, 전체 그림을 조망해보는 게 뭐가 어때서?

이네즈는 이렇게 설명한다. "제 앞에 흥미로운 퍼즐이 있는 한, 저는 행복해요. 흥미를 불러일으키는 질문과 문제들을 저는 계속 찾을 거예요. 가끔가다 아무도 생각하지 못한 질문과 문제가 떠오를 때가 있어요. 그래서 저는 그것들이 어디로 가든 끝까지 찾아 나설 거예요. 그렇게 찾다 보면 더 많은 질문들로 이어졌거든요. 그래서 재미가 있는 거예요."

호기심과 관찰을 통해, 이네즈는 지구의 환경과 기후에 영향을 미치는 수많은 자연현상들을 알게 되었다. 이렇게 배워가면서, 이네즈는 이런 자연현상을 가능한 한 많이 기후 모델에 포함시켜야 모델의 완성도가 높아진다는 걸 깨달았다. 그렇게 해야 모델이 미래의 기후 변화에 대한 보다 더 정확한 답을 산출할 수 있을 것이다.

물론, 배우는 걸 언제나 열린 마음으로 받아들인 것은 아니라는 사실을 이네즈 자신도 알아채지는 못했을 것이다. 이네즈의 MIT 친구이자 지구와 기후 과학자인 마크 케인은 이렇게 이야기한다. "이네즈가 대학 시절에 배운 건 대기의 역학이었어요. 그러다 그녀는 NASA에서 화학 지식을 많이 습득했고, 육지와 생태계 분야도 연구했어요. 그러다 보니 그녀는 어느 누구보다 해당 주제에 대한 폭넓은 지식을 갖추고 있었죠. 제가 아는 사람 중엔 최고였어요. 이네즈는 다른 사람들은 엄두도 못 내는 것들을 만들어냈어요."

결국 이네즈는 기후 모델의 발전에 중요한 역할을 했고, 지금도 하고 있다. 기후 모델은 처음에는 대기를 가지고 시작했다. 그러다가 해양이 추가됐고, 그후 과학자들은 증산작용 같은 육지의 현상들이 미치는 영향도 알게 되었다. 하지만 이네즈는 자기 연구에 여전히 퍼즐 한 조각이 빠져 있다고 생각했다. 그것은 바로 지구의 생물지구화학적 순환이다.

이 순환 덕분에 육지, 공기, 해양, 생물들 사이에 중요한 화학물질들이 이동함으로써 지구에서 생명체를 지속시킨다. 생물지구화학적 순환은 기후에도 영향을 준다. 탄소 순환을 살펴보자. 이산화탄소가 기후에 영향을 주기 때문에, 이네즈는 탄소가 대기에 들어가고 나가는 과정을 이해하는 게 중요하다고 생각했다. 그래서 탄소 순환과 다른 생물지구화학적 순환을 기후 모델에 포함시키는 게 중요했다.

사실, 이런 복잡한 순환을 기후 모델에 추가하는 것을 '지구 시스템 모델링'이라고 한다. 오늘날 이네즈 펑은 이 분야의 선구자이자 핵심 설계자로 알려져 있다. 이 모든 게 맨해튼에 위치한 GISS 연구실에서 탄소 순환을 탐구하면서 시작되었다.

그녀는 오랫동안 해양 모델링과 해양 및 대기에서

탄소의 역할을 규명하는 연구에 전념했다.

이네즈와 짐은 겨울철인데도 여전히 롱아일랜드의 남쪽 해안을 산보하는 데 시간을 할애했다.

7장

탄소를 추적하다

1755년 스코틀랜드의 물리학자이자 화학자인 조지프 블랙Joseph Black은 이산화탄소라 부르는 무색무취의 기체를 발견했다. 블랙은 그 뒤 이산화탄소가 공기 중에 있는 기체의 하나이며 탄소와 산소로 이루어졌음을 알아냈다. 그후 과학자들은 지구의 대기에서 이산화탄소의 역할이 뭔지 그 비밀을 풀어내려고 노력해왔다.

1800년대 초 일부 과학자들은 대기에서 이산화탄소가 지구의 온도를 유지하는 데 도움이 된다는 것을 알아냈다. 그때는 산업혁명 초기였고, 유럽과 북아메리카에서 산업혁명의 기세가 퍼져나가는 시기였다. 공장들은 대개 석탄을 연료로 사용했는데, 석탄처럼 탄소를 함유하는 연료는 연소되면 이산화탄소와 같은 폐

1895년 스반테 아레니우스는 대기 중에 있는 과잉의 이산화탄소가 지구를 가열시킬 거라고 주장했다. 수십 년 후 이네즈는 기후 변화에서 이산화탄소의 역할에 초점을 두기 시작했다.

기물이 만들어졌다. 산업혁명 때까지 수천 년 동안 지구의 대기에서 이산화탄소는 일정한 양으로 유지되었다. 그러나 산업이 발달하면서 공장의 석탄(나중에는 유류와 가스) 사용량이 늘어나자 지구의 대기에서 이산화탄소의 양 역시 계속 증가했다.

1895년 스웨덴의 과학자 스반테 아레니우스Svante Arrhenius는 공장에서 석탄을 연소시킬 때 나오는 과잉의 이산화탄소가 지표면 부근에 보다 많은 열을 가두어둘 거라고 말한 바 있다. 하지만 아무도 이것이 사실이라는 것을 입증할 수 없었다.

1950년대까지 산업, 자동차, 트럭 및 발전소가 이산화탄소를 대기에 배출해온 것은 분명했다. 그런데 기체에 어떤 문제가 생겼던 것일까? 대다수 과학자들은 바다가 이산화탄소의 대부분을 흡수해온 것으로 생각해 공기 중에 있는 이산화탄소량은 크게 늘어나지 않았으리라고 믿었다. 그러나 이 역시 아무도 확신할 수 없었다.

1950년대 후반에 이르자 상황은 좀 더 명백해졌다. 그 당시는 해양학자 로저 레벨Roger Revelle이 찰스 킬링Charles Keeling을 고용해 대기에서 이산화탄소의 수준을 연구하던 때였다. 킬링은 1958년 하와이의 마우나로아Mauna Loa 화산 정상에 이산화탄소 관측소를 설치했다. 화산 주위에는 수천 마일의 해양이 광활하게 펼쳐져 있어 대기 중 이산화탄소의 평균량을 측정하기에는 이상적인 곳이었다. 2년도 채 지나기 전에 마우나로아에서 얻은 데이터는 극소수의 사람들이 미심쩍어하던 것을 보여주었다. 이산화탄소량은 계속 증가하고 있었다. 이는 지구의 기후에서 어떤 의미였을까?

1960년대와 1970년대 초반까지 몇몇 의욕 넘치는 과학자 팀들이 이산화탄소의 비밀을 풀기 위해 열심히 연구하고 있었다. 1970년대 후반까지 이네즈의 스승인 줄 차니는 이 문제에 몰두했

1950년대 후반, 로저 레빌(오른쪽)은 찰스 킬링을 고용하여 하와이 마우나로아 화산의 정상에 세운 관측소(아래)에서 대기의 이산화탄소를 측정했다. 몇 년도 안 돼 데이터는 이산화탄소량이 증가하고 있음을 보여주었다.

다. 차니는 기후변화 분야를 연구하는 과학자위원회에서 위원장을 맡아 활동했다. 위원회는 몇 가지 중요한 질문을 제기했다. 컴퓨터 모델로 기후변화에 관해 어떤 연구가 이루어졌는가? 그 모델들의 신뢰도는 어느 정도였는가? 지구 온난화 가능성의 예보를 심각하게 고려해야 하는가?

1979년 미국 국립과학원National Academy of Sciences, NAS은 '차니 보고서'에 위원회가 발견한 내용을 발표했다. 그 보고서는 앞으로 100년 동안 지구 기온이 화씨 2.7~8.0도(섭씨 1.5~4.4도)가량 상승할 거라고 언급했고, 기온이 상승하면 갑작스런 기후변화가 생길 수 있으므로 지구 온난화 문제를 더 많이 연구해야 한다고 촉구했다.

임무에 대하여

차니 보고서는 이네즈가 GISS에서 일을 시작하던 즈음에 발간되었다. 차니는 대기 중의 탄소와 관련되어 일어나는 자신의 관심사를 이네즈에게 넘겨주었다. 실제로 그는 이네즈에게 탄소를 연구해보라고 권유했다. GISS에서 이네즈가 새로 맡은 업무는 탄소와 아무 관련이 없었지만 이네즈는 차니의 권유를 가슴에 새겨들었다. 그녀는 오랫동안 해양 모델링과 해양 및 대기에서 탄소

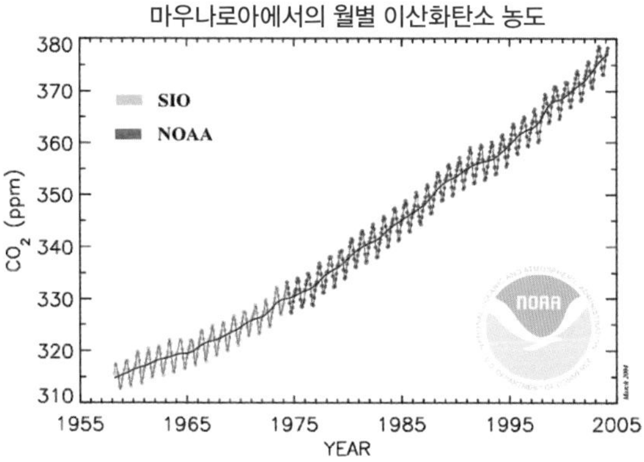

마우나로아 관측소에서 얻은 그래프는 1958년부터 2004년까지 공기 중 이산화탄소 농도가 증가했다는 것을 보여준다. '차니 보고서'(오른쪽)는 기후변화에서 이산화탄소 같은 온실가스의 역할에 대한 연구를 활성화시키는 계기가 되었다.

의 역할을 규명하는 연구에 전념했다.

이네즈는 해양에서의 탄소 역할과 관련된 화학 서적과 논문들을 읽었다. 생뚱맞게도 그녀는 화학을 전공한 친구들에게 지혜를 빌리곤 했다. 어느 날 이네즈는 남편과 과학자 친구 몇 명이랑 뉴욕 북쪽 허드슨 강 제방에서 열리는 민속음악 축제를 즐기러 갔다. 음악도 음악이지만 그녀의 머릿속에는 탄소 생각으로 가득 차 있었다. 그녀는 웃으면서 그때의 상황을 설명한다. "저는 같이 간 과학자들에게 탄산염 화학을 설명해달라고 졸랐죠. 동행했던 과학자들은 아주 인내심이 많았어요."

이네즈는 마침내 이 모든 것을 차니 관련 노트에 기록했다. "나는 해양 순환과 해양 화학을 공부했고, 생물권biosphere, 즉 지구의 환경에서 생명체가 살 수 있는 곳을 배우는 데 많은 시간을 할애했어요. 모든 정보를 제가 이해할 수 있는 방식과 언어로 표현했죠."

차니는 이네즈가 심혈을 기울여 작성한 탄소 관련 노트를 사용할 기회가 전혀 없었다. 이네즈와 함께 프로젝트를 수행하기 전인 1981년에 줄 차니는 암으로 세상을 떠났다. 이네즈는 그녀의 인생에서 중요한 인물을 잃었다. 차니는 그녀를 전문가의 길로 이끌어준 사람이었다. 차니를 기리며 이네즈는 다음과 같이 언급했다. "차니는 질문을 던지고, 관련된 문제들을 명확히 나타내고, 문제 해결에 집중하는 방법을 가르쳐주었죠. 더욱 중요한 것은, 제 자신을 신뢰할 수 있게 만들어주었다는 거예요. 저는 지금도 차니가 제 원고를 읽을 거라는 생각으로 글을 쓰고 있어요. 그분이 다음 출장을 마치고 돌아올 때까지 제가 해결할 수 없는 문젯거리들을 질문하려는 것처럼 말이죠."

차니의 죽음은 큰 충격이었지만 그의 죽음이 이네즈를 멈추게 하지는 못했다. 차니가 죽는 날까지 하려고 했던 것은 그녀의 몫이 되었다. 수년 동안 탄소를 깊이 탐구한 후 이네즈는 환경에 미치는 탄소의 역할과 지구 온난화 가능성에 푹 빠져들었다. 그녀 스스로 새로운 문제들을 많이 발견했다. 이제 그녀는 그 문제들에 답을 찾기 시작했다. 그녀가 그 당시를 이렇게 말한다. "저는 그 문제들에 집착하다시피 했어요."

보다 나은 모델을 만들기 위하여

이네즈가 가장 잘하는 것은 생각하고 의문을 품고 연계성을 찾으려고 노력하는 것이다. 그녀의 말을 들어보자. “저는 지구에서 일어나는 현상들이 서로 연결되어 있다고 배웠고, 각각의 현상은 퍼즐 조각이에요. 이것들을 모두 모으면 전체 그림이 나오겠죠. 제가 바라는 게 그거예요.” 이네즈는 탄소 순환, 메탄 순환 등과 같은 생물지구화학 순환을 포함해 이런 현상들이 지구에 생명체가 살아갈 수 있게끔 한다는 것을 깨달았다. 이런 현상들 또한 기후에 영향을 끼쳤다. 따라서 기후 모델을 개선하려면 이들 순환이 포함되어야 할 것이다.

이네즈는 이런 이야기를 처음 말한 사람들 중 한 명이며, 뭔가를 실행으로 옮긴 사람이었다. 그녀는 “가끔씩 제 자신을 건축가로 여기고, 제가 지으려고 했던 것의 구조를 생각했어요.”라고 말한다. 이네즈는 이들 자연 순환natural cycle의 새로운 모델을 만들려고 했다. 그 모델은 공기 중의 생명체, 해양 및 육지 사이를 이동하는 이산화탄소와 메탄 같은 화학물질들의 이동 경로를 나타낼 수 있다. 이런 하위 모델은 전체 기후 모델에 추가될 것이다. 그렇게 되면 전체 모델은 기후를 제어하는 자연의 체계를 좀 더 잘 나타내고 기후 변화를 보다 더 잘 기술하게 될 것이다.

이네즈는 탄소 순환부터 시작했는데, 그 이유는 탄소 순환이 기후에 가장 큰 영향을 끼치는 온실가스인 이산화탄소를 제어하기 때문이다. 이런 모델을 만들기 위해 이네즈는 이산화탄소가 대기 속으로 어떻게 들어가고 나가는지 알아야 했다. 먼저, 이산화탄소 발생원을 찾는 계획을 세웠고, 그다음 지구의 이산화탄소 흡수원sinks을 규명하기로 했다. 발생원과 흡수원은 공기로부터 이산화탄소를 흡수하고 제거하는 현상 또는 물질이다. 그녀는 탄소 모델에서 발생원과 흡수원을 나타냈고, 이 작업으로 대기에서 이산화탄소의 이동을 보다 더 잘 예측하는 전체 기후 모델과 지구 기후의 진화 과정이 연결되었을 것이다.

1981년까지 이네즈는 초기의 미숙한 3차원적 지구 탄소 모델을 만들었는데, 그 모델에 바람이 있는 대기, 해양, 삼림과 사막을 가진 생물권도 포함시켰다.

1983년까지는 1981년 시작했던 탄소 모델을 개선했다. 이네즈는 광합성과 호흡이 공기 중 이산화탄소 증감의 계절적 변화에 중요하게 작용한다는 것을 알아냈다. 이네즈는 다음과 같이 설명한다. "각각의 나무는 종류에 상관없이 자연에서 똑같은 기능을 합니다. 예를 들어 광합성 과정에서 나무는 이산화탄소를 흡수하고 산소와 물을 뿜어내죠." 이런 과정을 모델로 만들기 위해 이네즈는 이들 각각을 나타내는 방정식을 적어나갔다. 그렇게 해서 모델은 대기로부터 생물권으로, 그리고 다시 역방향으로 이산화탄소의 이동을 나타낼 수 있게 되었다.

광합성과 호흡

대기에서 이산화탄소가 차지하는 양은 계절 변화에 따라 주기적으로 증감을 반복한다.

봄과 어름에 이산화탄소는 감소한다. 식물이 생장하기 위해 양분을 만드는 과정인 광합성 때문이다. 이 과정에서 식물은 공기에서 이산화탄소를 흡수하고(파란색 화살표), 흙에서 얻은 물과 영양소를 이산화탄소와 결합시키기 위해 빛 에너지와 엽록소를 사용한다. 이 과정은 포도당 같은 단순 당sugar을 만들며, 식물은 이것을 영양소(빨간색, 오렌지색 화살표)로 세포 조직에 저장한다.

가을이면 나무에서 잎이 떨어지고 식물은 죽는다. 미생물은 부패하는 식물들을 분해한다. 이때 미생물의 호흡이 공기 중으로 이산화탄소를 배출한다(보라색 화살표).

"생태학자의 시각으로 나무를 보면, 별의별 종種이 다 있어요. 그러나 나무가 기후에 어떤 영향을 미치는지 설명하는 데 종은 중요하지 않아요. 중요한 것은 어떤 나무이냐가 아니라 나무가 어떤 역할을 하느냐죠." 이것이 아주 중요한 돌파구였다. 이네즈는 처음으로 대기와 생물권 또는 지구의 생명체 사이를 연결하는 3차원적 지구 탄소 모델을 만들었다.

1987년 이네즈는 NASA 과학자 두 명, 그러니까 짐 터커Jim Tucker와 오랜 친구 케이티 프렌티스와 함께 프로젝트를 수행했다.

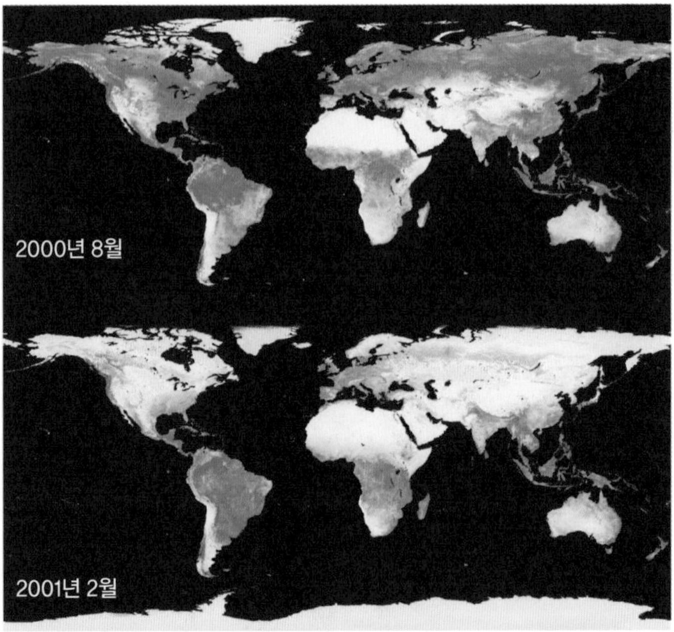

인공위성 데이터를 보면 여름에는 광합성(녹색)이 각 반구의 극지로 이동한다. 겨울에는 적도를 향해 반대 방향으로 움직인다.

탄소 순환이란 무엇인가?

자연의 순환 덕분에 지구에 생명체가 존재한다. 널리 알려진 순환은 물의 순환이다. 지구는 물 공급이 제한되어 있지만, 그렇다고 물이 바닥나지는 않는다.
태양 에너지는 해양에서 물을 증발시키고, 이는 수증기가 되어 대기 중으로 상승한다. 이후 수증기는 냉각되고 액체 상태의 물로 응축되어 비 또는 눈으로 내려 다시 지표면으로 돌아온다. 강수는 강을 통해 그리고 육지의 유출수로 해양으로 다시 돌아온다. 물의 순환은 그렇게 해서 다시 시작한다.
탄소 원소도 순환의 일부분인데, 탄소는 물처럼 생명체에 필수 불가결한 요소이다. 실제로 탄소는 생명체의 기본 골격이라 할 수 있다. 구성 화합물이 모든 생명체에 필요한 부분들이기 때문이다.
지구는 탄소의 거대한 공급원이고, 대부분은 암석에 들어 있다. 그러나 탄소 일부는 아주 낮은 비율로 지구의 생명체와 지각, 해양 및 대기 사이를 오가면서 끊임없이 순환을 거듭한다. 탄소는 순수한 형태로 보기 힘들고, 대신 이산화탄소 및 메탄(온실가스) 또는 탄산칼슘(산호초 구성 물질로 암석에 많다) 같은 화합물로서 발견된다.
다음은 탄소 순환이 어떻게 육지, 해양 및 대기 사이를 이동하는지 보여주는 그림이다.

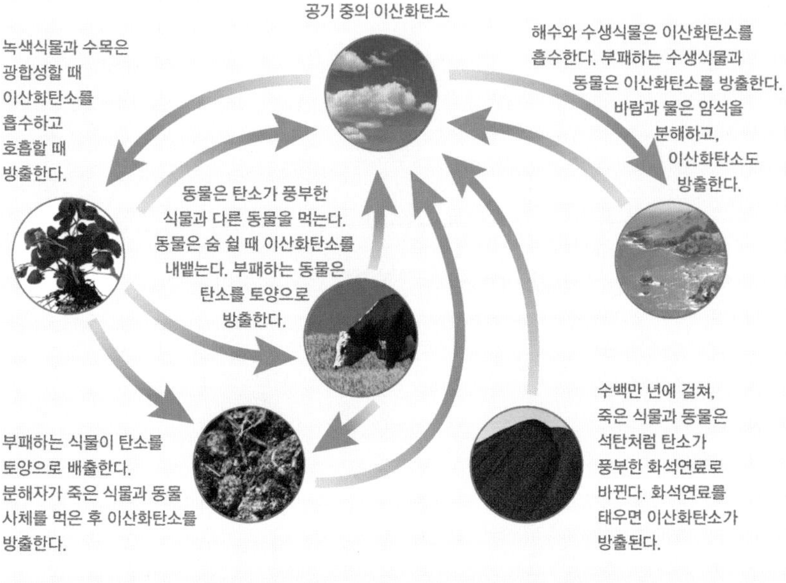

그들은 이네즈의 탄소 모델을 이용해 규칙적인 계절 주기에 이산화탄소가 식물과 대기 사이를 어떻게 이동하는지 보기 위해 인공위성 자료를 광합성(터커가 개발한 '녹색지수')과 죽은 식물체의 분해에 적용했다. 이 프로젝트에 기여한 공로로 이네즈는 NASA로부터 탁월한 과학 업적 훈장Exceptional Scientific Achievement Medal을 받았다.

지구 온난화 심해지다

이네즈는 탄소 모델링을 과제의 일부로 삼기는 했으나 여전히 GISS 모델의 해양 부문에서 일했다. 1980년 후반까지 GISS 모델로 지구의 미래에 온난화 추세가 예측되었으나 GISS 과학자들은 확신할 수 없었다. 지난 세기에 온도가 급강하했다가 상승해서 명백한 패턴을 탐지하기 어려웠다. 게다가 해양이 대기로부터 열을 흡수해 공기 중의 이산화탄소량이 온난화를 일으킬 만큼 충분히 상승했을지라도 아마 해양이 온난화를 지연시켰을 것이다.

1981년 짐 한센이 이끄는 GISS 그룹은 공기 중의 이산화탄소량이 증가하면서 20세기 후반에 지구 온난화가 현실화될 거라고 예보하는 논문을 발표했다. 이 연구는 GISS 밖에서 웬만큼 관심을 불러일으켰으나 아직 폭발적인 수준은 아니었다.

"All the News That's Fit to Print"

The New York Times

Late Edition
New York: Today, sunny, cool. High 74-78. Tonight, increasing clouds. Low 57-65. Tomorrow, morning clouds, then windy and warmer. High 79-88. Yesterday: High 87, low 67. Details, page A18.

VOL.CXXXVII . . . No. 47,546 — NEW YORK, FRIDAY, JUNE 24, 1988 — 30 CENTS

Global Warming Has Begun, Expert Tells Senate

Global Warming: Greenhouse Effect?

Average global temperatures through the first five month of 1988. As a baseline, sci ntists use the global average from 1950 to 1980.

Source: James E. Hansen and Sergej Lebedeff

Sharp Cut in Burning of Fossil Fuels Is Urged to Battle Shift in Climate

By PHILIP SHABECOFF
Special to The New York Times

WASHINGTON, June 23 — The earth has been warmer in the first five months of this year than in any comparable period since measurements began 130 years ago, and the higher temperatures can now be attributed to a long-expected global warming trend linked to pollution, a space agency scientist reported today.

Until now, scientists have been cautious about attributing rising global temperatures of recent years to the predicted global warming caused by pollutants in the atmosphere, known as the "greenhouse effect." But today Dr. James E. Hansen of the National Aeronautics and Space Administration told a Congressional committee that it was 99 percent certain that the warming trend was not a natural variation but was caused by a buildup of carbon dioxide and other artificial gases in the atmosphere.

1988년 여름, NASA 과학자 짐 한센이 상원 소위원회에서 지구 온난화가 이미 시작되었다고 말했다. 이는 신문의 헤드라인으로 장식될 만큼 사회 문제가 되었다.

지구 온난화란 무엇인가?

과거 100~200년에 걸쳐 지표면과 대기권의 온도가 상승해왔다. 이처럼 온도가 올라가는 게 지구 온난화로 알려졌다. 그 원인이 뭘까? 주로, 인간이 대기로 마구 방출해내는 온실가스가 원인이다.

지구의 역사를 보면 대체로 대기 중 이산화탄소량이 자연적으로 상승하거나 하강해왔다. 빙하기라 부르는 추운 기간 동안 가장 낮았고, 빙하기 사이의 따뜻한 기간 동안 가장 높았다. 이산화탄소량은 항상 일정 한계치 이내에 머물러왔다.

그러다가 산업혁명이 일어났다. 1700년대 후반과 1800년대 전반, 유럽과 북아메리카의 나라들은 석탄처럼 연료를 때서 움직이는 기계를 사용하기 시작했다. 석탄은 탄소를 함유하므로 이것을 태우면 이산화탄소가 방출된다. 게다가 사람들은 석유 및 천연가스 같은 다른 탄소 함유 연료도 사용하기 시작했고 공기 중으로 내뿜는 이산화탄소량은 증가했다.

산업혁명 이전, 대기에서 이산화탄소의 가장 높은 수준은 약 280ppm(100만 분의 1)이었고, 1958년에 315ppm이었다. 오늘날 그 수준은 약 380ppm이고 계속 증가하고 있다.

과학자들은 이산화탄소가 지구 대기의 온난화와 관련성이 있다는 것을 1800년대 이후부터 알고 있었다. 과학자들은 공기 중으로 배출되는 여분의 이산화탄소가 해양으로 흡수된다고 오랫동안 생각해왔다. 하지만 1950년대 후반에 시작된 로저 레빌과 찰스 킬링의 연구는 그게 사실이 아니라는 것을 보여주었다. 레빌은 해양이 이산화탄소를 아주 빠르게 흡수할 수 없다는 것을 발견했다. 따라서 이산화탄소량은 시간이 지날수록 더 증가될 것이다.

킬링은 이산화탄소가 공기 중에 얼마나 많이 있었고 얼마나 빨리 증가했는지 알아내기 위해 데이터를 수집했다. 그는 1951년 남극에, 그리고 1958년 하와이 화산 분화구에 이산화탄소 관측 장비를 설치했다. 그리고 이들 장비로부터 수집한 데이터를 분석한 후 이산화탄소가 해마다 상승하고 있다는 것을 보여주었다. 1970년대 후반, 기후 모델은 20세기 말까지 온도가 화씨 0.9~1.8도(섭씨 0.5~1도) 상승할 것이고, 21세기 말까지는 화씨 2.7~8.0도(섭씨 1.5~4.4도) 증가할 거라고 예측했다. 온도 데이터는 지금까지 이 예측이 사실임을 뒷받침하고 있다. 지표면과 해양의 표면층 모두 20세기에 더 따뜻해졌고, 실제로 20세기는 천 년 동안에 가장 따뜻한 세기였다. 기록상 가장 뜨거운 연도는 1998년과 2003년 사이에 나타났다.

기후 모델은 좀 더 따뜻한 미래를 예상하고 있다. 지구에 대단한 영향을 끼칠 가능성이 크다. 기후 과학자들은 일부 지역에 폭풍과 비가 더 많이 올 것이고, 다른 지역에는 더 심한 가뭄이 올 것으로 예상한다. 앞으로 해수면의 상승 때문에 해안 지역이 범람할 수 있고, 수많은 사람들이 삶의 터전을 잃게 될 수 있다.

지구 기후를 변하게 하는 이유를 알면 가장 끔찍한 결과를 막을 수 있다. 예를 들어, 만일 이산화탄소량의 증가가 문제라면 인간은 이산화탄소 발생을 줄이기 위해 무엇을 할 수 있을까? 이것이 바로 기후 과학자들의 연구가 왜 우리에게 중요한지를 말해준다.

GISS가 발견한 것들은 1988년에 드디어 대중의 관심에 불을 지폈다. 워싱턴 D.C.의 기온이 화씨 100도(섭씨 37.8도)를 넘은 6월 어느 날, 짐 한센은 미국 상원의 소위원회에 출석해 GISS의 과학자들이 지난 몇 년 동안 관찰해온 것들을 얘기했다. 지구가 점점 온난화되고 있다고……. 한센은 그 까닭이 바로 인간들이 공기 중에 내뿜은 온실가스 때문이라고 밝혔다. 과거의 한센은 지구 온난화가 언젠가 일어난다는 것만 예측했다. 하지만 그는 지금 훨씬 더 많은 것을 거론하며 이미 온난화가 진행되고 있다고 말했다.

발전소와 제지공장처럼 화석 연료를 태우는 산업은 이산화탄소와 그 밖의 온실가스를 대기 중으로 내뿜는다.

"기후 관련 기록상 인간의 활동 때문에 생긴 온난화를 탐지해왔다고 누군가 주장하는 경우는 처음이었다."라고 이네즈는 말한다.

이것은 대단한 뉴스였다. 이는 신문의 첫 페이지를 장식했고, 미국 전역에 걸쳐 TV 뉴스로 보도되었다. 지구 온난화는 이제 중요한 환경 문제가 되었다.

그러나 한센의 발표에 부정적인 반응이 많았다. 일부 과학자들도 부정적인 반응을 나타냈다. 몇몇 과학자들은 한센이 과장된 표현을 썼다고 여겼고, 수많은 정부 관료와 기업가도 이를 마음에 들어 하지 않았다. 만일 자동차, 공장, 발전소에서 화석연료를 사용했기 때문에 문제가 발생했다면, 그걸 해결하기 위한 방향으로 바꾸어야 할 것이다. 오염 방지 장치가 차량의 배기 장치와 공장 굴뚝에 설치되어야 할 테고, 자동차와 트럭 연료는 이산화탄소를 더 적게 방출하는 청정 연료로 바꾸어야 한다. 이런 변화에는 비용이 따르기 마련이다.

한센의 발견 때문에 논란이 일었지만, 그의 GISS 팀이 옳았다는 게 곧 증명되었다. 1980년대는 20세기에서 그때까지 가장 더웠던 10년으로 나타났고, 1990년대는 그때까지의 기록상 최고로 무더운 온도까지 보여주었다.

GISS의 다른 팀처럼, 이네즈는 한센의 증언을 지지했다. 많은 사람들이 받아들이기 어렵다고 하는 데이터를 대중들에게 과감히 공개하는 그의 담대함에 그녀 역시 감탄했다. "저는 한센이 보여준 용기를 통해 많은 것을 배웠어요. 옳은 일을 하고 있다고 주장하는 한센의 태도 역시 배울 게 많았어요."

사라진 탄소

일부 지구 온난화 논쟁 덕분에, 대기 중 이산화탄소 연구는 곧바로 활력을 얻었다. 1990년 이네즈는 과학자 피터 탄스Pieter Tans와 타카하시 타로高橋太郎와 함께 열심히 논문을 작성하고 있었다. 논문에서 그들은 이산화탄소 관측을 위한 새로운 장소를 제시할 계획을 세웠다. 모든 게 일상적으로 잘 돌아가는 것처럼 보였다. 그때 그들은 화석연료의 근원과 이산화탄소의 해양 흡수에 관한 데이터를 수학 모델에 접속시켰으나 그것은 바로 증가되지 않았다. "우리는 대기에서 북쪽-남쪽 이산화탄소의 흐름을 과대평가 했다"고 이네즈는 설명한다. 다시 말해, 관측된 결과를 비교해보니 북반구에서는 이산화탄소가 너무 많았고, 남반구에서는 너무 적었다.

지구 북반구에 사람들이 많이 살고 있으므로 대부분 인위적으로 만들어지는 이산화탄소의 출처도 대체로 북반구다. 그것이 이산화탄소가 북반구에서 더 많이 보이는 까닭이다. 그러나 실제 관측 데이터는 이네즈의 모델보다 훨씬 낮게 나타났다. 사라진 이산화탄소는 도대체 어디에 있을까?

이네즈와 그의 동료들은 모델 값들을 약간씩 움직여보았다. 대부분의 과학자들은 사람들이 만들어내는 이산화탄소의 상당량을 남반구 해양이 흡수한다고 생각했다. 남반구 해양에서 측정한 타카하시의 데이터가 이 생각을 뒷받침했다. 그러나 이네즈가 남반구의 육지에 흡수원을 가져다놓았을 때 그 숫자들은 여전히 맞지 않았다. 실상 남반구에서의 이산화탄소 흡수원은 문제를 더 악화시키는 것이었다.

북반구 해양이 여분의 이산화탄소를 흡수할 수 있을까? 아니다! 그 역시 해결책이 아니었다. 과학자들은 북반구 해양에 관한 방대한 데이터를 분석해보았으나 사라진 이산화탄소는 거기에 없다는 게 확인되었다.

"우리는 선택의 여지가 없었어요. 그래서 북반구의 육지에 흡수원을 갖다놓았어요. 그곳은 어떤 과학자도 가능하리라고 생각하지 않은 장소였죠. 우리의 논문이 〈사이언스Science〉에 발표되었을 때 제 친구들이 전화를 걸어 '네가 틀렸어!'라고 하더군요. 저는 '그래, 너희들 말이 맞을지도 몰라. 근데 내가 틀렸다는 걸 입증해봐'라고 대답했어요. 하지만 그들은 그렇게 하지 못했어요. 데이터가 없었거든요."

아무도 이네즈가 틀렸다는 걸 입증할 수 없었다. 왜냐하면 그녀의 논리가 옳았기 때문이다. 이네즈는 수학 모델을 이용해 북반구에서 거대한 육지 흡수원이 지구에서 여분의 이산화탄소를 흡수했을 거라고 예측했다.

이것은 획기적인 발견이었다. 이는 세계의 대다수 기후 과학자들이 탄소 순환의 주요 분야에서 그때까지 믿어왔던 것을 뒤집어엎는 것이었다. 그 논문은 탄소 순환 연구의 전환점이 되었다. "그 전까지 해양학자들은 대기 중의 화석연료 이산화탄소를 제거하는 데 해양이 중요한 역할을 하며 육지는 거의 아무 역할도 하지 않는다고 생각했어요. 그러나 우리는 논문에서 육지와 해양이 화석연료에서 나온 이산화탄소를 거의 비슷하게 흡수한다고 언급했죠. 많은 연구가 이루어진 북반구에서 말이에요."

비평가들은 이네즈의 논문이 이산화탄소가 어떻게 사라지는지 정확히 설명하지 않았다는 사실에 집착했다. 이네즈의 설명을 좀 더 들어보자. "사방에서 비난이 쏟아졌어요. 해양학자들과 생태학자들은 모델을 공격해댔고, 대기 과학자들은 드문드문 존재하는 육지와 해양 데이터로는 그 결과를 제대로 추정할 수 없다고 논박했죠. 결국 거대한 신규 관측 사업에 착수하는 걸로 결론이 났어요. 다른 몇몇 모델링 그룹들도 그대로 따라 했죠. 그들은 모두 같은 결론에 이르렀고, 국제적인 프로젝트가 궤도에 올라 열다섯 개 이상의 모델들이 참여하는 사업이 되었어요."

이산화탄소가 기후와 인간에게 어떤 영향을 주는지 알고 싶으면 이산화탄소가 어떻게 대기 속으로 유입되고 대기 밖으로 유출되는지 아는 게 중요하다. 이네즈는 거대한 퍼즐 조각을 적절한 위치에 올려놓은 것이다. "그것이 과학의 놀라운 점이라니까요. 우리는 처음에 탄소가 어디로 가고 있는지 묻지도 않았어요. 우리는 오만했고 잘 안다고 생각했죠. 그러나 우리가 저쪽 길을 따라 걸어가기 시작하니, 우리가 알고 있다고 생각한 것은 실제로는 전혀 몰랐던 것이었어요."

"길을 잘못 접어든다고 해도 그 길이 어떤 새로운 것을 배우는 데 우회로가 될 수 있잖아요."라는 이네즈의 말마따나 잘못된 방향 전환 덕분에 거대한 발견이 이루어진 사례였다.

어렸을 때 홍콩 섬 주위의 만에서 수영한 이후,

이네즈는 줄곧 바다를 좋아했다.

이제 그녀는 밴쿠버 섬의 해안 근처에 집을 소유하게 되었다.

빅토리아에 있는 그들의 새로운 집은 태평양 바다까지 걸어서 5분 거리에 있으며, 거기서 이네즈와 짐은 카약을 즐겨 탔다.

8장

큰 발견으로 가는 작은 우회로

이네즈는 이산화탄소 다음에 또 다른 주요 온실가스인 메탄을 다루었다. 이산화탄소처럼 메탄도 희소한 가스로, 대기 용적에서 극히 미미한 비율을 차지한다. 사실 이산화탄소보다 더 적다. 하지만 메탄은 거대한 지구 온난화를 일으킬 만한 위력이 있다. 각각의 메탄 분자는 이산화탄소 분자가 대기 온난화에 끼치는 능력의 약 23배에 이른다.

돼지와 논

메탄 모델을 만들기에 앞서 이네즈는 대기 안팎으로 메탄이 어

빅토리아에 있는 그들의 새로운 집은 태평양 바다까지 걸어서 5분 거리에 있으며, 거기서 이네즈와 짐은 카약을 즐겨 탔다. 바다가 잔잔한 날에는 애리조나에 있는 캐니언 드 셰이 같은 장소를 방문하면서 미국 서부 전역을 여행했다.

떻게 움직이는지 알아내야 했다. 메탄가스는 여러 장소에서 만들어지는데, 그것은 천연가스의 주요 성분이다. 산소가 결핍된 환경에서 유기물이 부패해도 메탄가스가 발생한다. 벼가 자라는 논과 습지가 메탄가스를 방출한다. 이 가스는 소, 돼지, 양의 위에서 배출되기도 한다. 사람도 메탄가스 방출에 일조한다. 가스 파이프라인이 새거나 석탄 광산에서 흘러나오거나 또는 쓰레기 매립장 같은 곳에서 메탄가스가 방출된다. 메탄가스는 분해되기 전 몇 년 동안 대기 또는 토양 속에서 그대로 유지된다.

이네즈가 첫 단계로 해야 할 일은 주요 발생원과 흡수원의 위치를 지도로 작성하는 것이었다. "우리는 습지는 물론 소, 돼지, 낙타의 지도를 만들었죠. 그리고 쓰레기 매립지 지도, 벼논 지도 등 메탄을 만들어내는 거라면 뭐든지 지도로 만들었어요." 그러나 지도 제작 작업은 지루했고, 이네즈의 말마따나 탐사처럼 근사한 일도 아니었다.

데이터 편집 역시 근사한 일은 아니었으나 잘 처리해야 되는 주요 작업이었다. 이네즈는 1991년에 3차원 지구 메탄가스 모델을 발표했다. "제 생각에는 기존에 발표된 것 가운데 가장 포괄적인

메탄가스는 소, 벼논을 포함해 발생 출처가 많다. 소, 버펄로, 낙타 같은 동물의 위 속에 있는 박테리아는 강력한 메탄가스 공장이다. 벼논의 물에 잠긴 흙에 있는 미생물도 메탄가스를 만든다.

모델 중 하나였다고 봐요. 메탄 모델에 변화를 주기는 했으나 사람들은 우리가 만든 그 데이터를 아직도 사용했죠."

메탄가스의 변화가 기후에 어떤 영향을 끼치는지 알아내려면, 다음 단계는 메탄가스 모델을 기후 모델에 연계시키는 작업일 것이다. 그때까지 그런 작업은 이루어지지 않았다. 그 이유는, 이산화탄소와 달리 메탄가스 발생은 시간에 따라 어떻게 변할지 예측하기 어려웠기 때문이다. "소와 양의 숫자가 변하는 방식을 종합하는 방정식을 어떻게 만들어야 할지 몰랐어요. 파이프라인에서 가스가 누출되거나, 벼논에 어떻게 물을 대고 비료를 주는지도 예측하기 힘들었죠. 이런 것들은 대기로 메탄가스를 방출하는 데 영향을 끼치는 요인들이에요." 훗날 이네즈가 만든 메탄가스 모델에 추가 작업을 해야 할지도 모른다. 그러나 현재로서는 그런 연구는 아직 없는 상태다.

뉴욕이여 안녕

1990년대 초반, 이네즈는 예전 프로젝트들을 마무리하고 GISS에 신규 프로젝트를 신청하느라 분주했다. 1993년까지 25년 동안 미국 동부 해안에서 살았다. 모국 홍콩에서 살았던 기간보다 더 오래되었다. 이네즈는 1986년에 미국 국적을 취득했다. 지금은 한 번쯤 미국을 떠나 다시 가족이 사는 근처로 옮겨 갈까 생각하는 중이다.

부모는 이네즈가 대학원에 재학 중일 때 홍콩에서 캐나다 밴쿠버로 이사했다. 같은 북아메리카라고 해도 5000킬로미터나 떨어졌기에 이네즈는 부모를 자주 보지 못했다.

그때 예상치 않게 새 직장에서의 제안이 들어왔다. 1990년대 중반까지 이네즈는 기후 과학자로 널리 알려지고 존경을 받았다. 그녀는 여러 대학에서 교수로 채용하고 싶어 하는 사람이 되어 있었다. 빅토리아Victoria 대학교는 이네즈는 물론 해양학자인 그녀의 남편에게도 교수직을 제안했다. 밴쿠버 섬 남쪽 끝단에 있는 빅토리아 대학교는 밴쿠버 시에 위치한 시댁에서 배로 90분 거리

이네즈와 짐이 뉴욕을 떠날 때, GISS 동료들이 송별회를 열어주었다.

에 있었다. 교수직 제안은 고려해볼 만했다.

이네즈는 어떡해야 할지 결정짓지 못했다. NASA에서 하던 업무가 좋았으나 알 수 없는 어떤 힘이 그녀를 서쪽으로 끌어당겼다. "저는 열여덟 살에, 남편은 스물두 살 때 집을 떠났어요. 이번 교수직 제안은 둘만의 오붓한 시간을 가지면서도 본가 가까이에서 부모와 함께 지낼 수 있는 기회였어요."

짐 한센은 이네즈가 떠나는 것을 원치 않았고, 그녀가 NASA에 머물러야 가장 훌륭한 과학 연구를 할 수 있을 거라고 말했다. 이네즈가 시험 삼아 빅토리아로 가는 거라고 주장해도 한센은 완강하게 만류했다. "한센의 말인즉, 만일 제가 정식 연구원으로 계속 근무하면 과학 분야에서 좀 더 훌륭한 업적을 이룰 거라고 했어요. 결국 떠나기로 결심했다고 말했을 때도 한센은 신경을 많이 써주었죠. 그가 NASA에서 '무급 휴가' 기간을 연장해준 셈이

이네즈와 짐에게 '뉴욕이여 안녕'이라는 인사는 생기 넘치는 도시의 경관을 뒤로하고 떠나는 것이었다. 그러나 이네즈는 자신의 연구 프로젝트를 계속 유지할 수 있었다.

죠." 그렇게 해서 이네즈는 자신의 연구 프로젝트를 계속 유지할 수 있었다.

비록 GISS를 떠나는 선택을 했을지라도, 이네즈는 과학자로서 성장하도록 신경 써주는 배려에 고마워했다. "한센은 무엇을 하라 마라 한 적이 한 번도 없어요. 경직되지 않았기에 탐구를 할 만한 여지가 많았죠. 흥미 있는 연구를 진행하는 똑똑한 사람들이 아주 많았어요. 처음에는 하나도 모르는 맹추였으나, 천천히 많은 것들을 배워나갔어요. 배려심 많은 동료 몇 명이 많은 걸 저에게 알려주었죠. 무엇보다도, 한센은 세부 내용을 완전히 이해하진 못해도 중요한 연구라는 것을 인정해주는 그런 상사였어요."

어떤 과학자에게는 일생 동안 이끌어주는 스승이 있다. 이네즈는 1981년 줄 차니의 타계로 스승을 잃었으나, 그녀는 타고난 호기심, 열정적인 노력, 결단력으로 스승의 부재를 메워나갔다. "저는 직무와 관련해서 스승이나 롤모델이 필요하다는 생각은 안 해봤어요. 배우고 탐구하는 것이 재미있었어요. 그러다 보니 여기까지 오게 되었죠. 친구들이 무척이나 소탈했고 저를 신뢰했다는 점에서 저는 행운아였어요."

캐나다로 떠나다

이네즈와 짐은 빅토리아 대학에서 새롭게 펼쳐질 교편생활에 들떠 있었다. 뉴욕을 떠나는 것은 어려웠다. 뉴욕에서 15년을 지내면서 이네즈는 실제 뉴욕 사람이 되어 있었다. "이웃들과 잘 알고 지냈어요. 초콜릿 파는 여자, 푸줏간 주인, 식품점 주인, 세탁소 주인, 심지어 거지조차도." 그녀는 친했던 이웃들을 떠올렸다. 그녀는 로어이스트사이드Lower East Side에 있는 카푸치노와 카놀리, 브로드웨이 연극, 밤늦게 퇴근하며 불현듯 밤참거리를 사러 가겟집에 들르던 일들을 이제 포기해야 했다. 또한 맨해튼에 있는 아늑한 아파트도 포기해야 했다.

이네즈와 짐은 서쪽으로 5000킬로미터 떨어진 빅토리아 교외의 목장 집에 정착했다. 그곳 생활은 맨해튼보다 훨씬 더 조용하고 더 느긋했다. 뒷마당에는 수영장이 있어, 근처 야생동물이 그곳을 사용하지 않을 때는 수영을 즐겼다. "언젠가 야생 너구리 무리가 나무에서 마르멜루 열매를 따고는 수영장에서 그 열매들을 씻더라고요. 어떨 때는 수달이 수영장 옆에서 햇볕을 쬐고 있는

밴쿠버 섬 생활의 좋은 점 하나는 카약을 타러 가기 정말 쉽다는 것이었다. 짐이 카약을 띄워 해변을 떠날 때 이네즈가 찍은 사진.

1993년 아버지 생일을 축하하기 위해 이네즈 가족은 알래스카의 빙하 만을 여행했다.

것도 봤어요. 제법 큼직했고 약간 무섭기도 했지만, 그 광경이 아주 편안해 보여 수달을 쫓아내지는 않았죠. 가끔가다 오리들이 수영장에 가게를 차리기도 했지요."

어렸을 때 홍콩 섬 주위의 만에서 수영한 이후, 이네즈는 줄곧 바다를 좋아했다. 이제 그녀는 밴쿠버 섬의 해안 근처에 집을 소유하게 되었다.

시간이 나면 이네즈와 짐은 각각 2인용 카약의 양쪽 끝을 잡고 바다로 갔다. 이네즈는 이렇게 회상한다. "우리는 집에서 5분을 걸어가 카약을 타며 빅토리아 연안을 따라 쉽게 이동했어요. 우리가 미끄러져 나갈 때 물개들이 물 밖으로 고개를 내밀어 우리를 쳐다보았죠." 이네즈는 수정처럼 맑은 호수 어귀와 짙은 색 침엽수림이 가득한 밴쿠버 섬의 자연환경을 좋아했다. "간혹 섬의 남쪽 연안의 백사장을 걷기도 했어요. 아름다운 해안, 해변에 있는 거대한 통나무, 물안개 낀 신비로운 숲이 펼쳐졌어요. 해양 생물도 많았죠. 그곳의 자연은 살아 있는 생동감 그 자체였어요."

교실에서 세계의 가장자리로

빅토리아로 오기 전까지 이네즈는 한 번도 학교에서 가르쳐본 적이 없었다. 그러나 그녀는 과학에 대한 열정을 학생들에게 전달해준다는 생각에 의욕이 넘쳤다. 이네즈는 다른 강의와 함께 지구과학 입문 과정을 가르쳤다. 꽤 헌신적이고 열정적인 학생들이 그녀의 강의를 들었다. 하지만 그녀는 중요한 문제에 대한 해결책을 찾으려고 열중하는 팀 구성원들과 매일 긴밀하게 일하던 시절을 그리워했다.

이네즈와 NASA 사이의 연결 고리는 그녀의 연구를 지탱하는 생명줄이었다. 그녀는 뉴욕에 있는 박사 후 과정 연구팀과 계속 관계를 유지했다. 때때로 그녀의 지도 아래 논문을 마무리하는 박사 후 학생들을 빅토리아로 초청하기도 했다. "박사 후 연구원들은 빅토리아에서 2주 동안 머물 수 있다는 것을 알고 있었죠. 잘 정리된 그래프 및 표와 논문 개요를 준비해 오더라고요. 대학 강의를 빼면, 연구원들이 여기 와 있는 동안 제가 해야 할 일은 그들과 함께 논문 작업을 하는 것이었어요."

이네즈는 그 시간을 아주 좋아했다. 과학을 주제로 활기찬 토론과 논쟁이 벌어졌다. 주변을 둘러보는 기회이기도 했다. 휴식이 필요할 때마다 늘 이네즈의 자동차, 빨간색 소형 혼다 시빅을 타고 섬의 서쪽 연안으로 드라이브를 나갔고, 거기서 열대우림 속을 걷거나 태평양 해안의 고래들을 구경했다. "빅토리아는 맨해튼에서 아주 멀리 떨어져 있고, 연구원 대부분은 그곳이 세상의 가장자리라고 생각했어요."

이와 함께 중요한 과학 연구 또한 진행되었다. 1995년 이네즈는 박사 후 학생 이나 테겐Ina Tegen과 황사 모델을 개발하기 위해 팀을 구성했다. 그렇다. 약한 황사조차 기후변화 수수께끼의 아주 중요한 부분이다. 특히 건조한 지역에 부는 바람은 황사를 들어 올려 공기 중으로 높이 날아가게 할 수 있다. 미세한 황사 입자들은 공중에 뜬 상태로 오랜 기간 동안 머무를 수 있고 지구 주위를 먼 거리까지 이동할 수 있다. 이 입자들은 태양 에너지를 우주 공간으로 돌아가게 반사시켜, 그에 따라 지구의 대기를 냉각시킬 수 있다.

1995년에 이런 주제로 이네즈가 발표한 논문은 그 자체만으로

1995년 이네즈는 대기 황사의 절반 정도는 인간에게 책임이 있다고 썼다. 예컨대 삼림 벌목(오른쪽), 농지 경작(왼쪽) 모두 식물들을 제거하고 토양을 교란시키는 일이다.

도 약간의 황사 폭풍을 일으켰다. 이네즈와 이나는 대기에 있는 황사의 절반 정도는 식물을 망치고 토양을 교란시키는 인간의 활동 때문이라고 주장했다. 이런 활동에는 농지를 갈아 일구고, 목초지에서 가축을 너무 많이 방목하고, 삼림을 벌목하는 일들이 포함된다.

이것은 미래의 기후변화에서 무엇을 의미할까? 지난 빙하기 동안 대체로 높은 수준의 황사가 대기를 흐리게 했다. 황사가 더 많이 발생한다는 건 또 다른 빙하기가 곧 도래한다는 의미일까? 대기 중의 높은 이산화탄소량과 그 밖의 온실가스 등으로 그렇게 되지는 않을 것이다. 그러나 이네즈의 황사 모델은 오늘날 NASA의 GISS 모델과 연계되어 있어 언젠가는 황사와 기후변화 사이의 연관성을 밝혀내는 데 도움이 될 것이다.

구미가 당기는 제안

빅토리아에서 3년을 지낸 후 이네즈는 새롭게 가르칠 수 있는 기회를 접하게 되었다. 캘리포니아 주립대학교 버클리 캠퍼스는 기후연구센터Center for Atmospheric Studies를 만들었는데 책임자가 필요했다. 이네즈가 그 자리를 지원하려고 했을까?

처음에는 반응이 '아니요'였다. 회의도 많고 처리해야 할 행정 업무도 많은 책임자 같은 일은 자기와 맞지 않는다고 생각했다. 하지만 그녀의 친구 여럿이 그 자리를 맡으라고 권했다. UC 버클리 대학이 미국에서 가장 선망 받는 대학 중의 하나라는 장점에도 이네즈는 별로 관심이 없었다.

하지만 친구의 말이 그녀의 마음을 바꾸게 했다. "그 친구는 무슨 말을 해야 제가 그 일을 하게 될지 알고 있었어요. 그 일이 나이 든 남자들만 하는 일이 아니라 여자도 잘할 수 있다는 것을 나보고 증명하라더군요. 그래서 그 자리에 지원해야 한대요." 이네즈는 속으로 '그럼 다시 생각해봐야겠네.'라고 생각했다.

이네즈는 '대학을 가까이에서 보고 그 자리에 대해 더 잘 알 수 있을 테니 이보다 더 좋은 기회는 없겠지.'라고 생각하며 UC 버클리 대학에서 황사의 순환을 주제로 한 그녀의 최신 연구 세미나를 열기로 결정했다. 이네즈는 그때를 이렇게 설명한다. "그곳에 도착했을 때 '야, 내가 이 사람들과 일하게 되었구나!' 정말 흥

분되었고, 이 일을 해야겠다고 생각했어요."

몇몇 교수 및 학생과 이야기를 나누어보니 이네즈는 UC 버클리 대학이 연구 개발은 물론 새로이 뭔가를 습득할 만한 훌륭한 기회를 제공한다는 것을 알게 되었다. "버클리 사람들은 그들이 알고 있는 것들을 저에게 가르쳐주고 싶어 했어요. 새로운 주제를 배우는 것에도 흥미를 보였죠. 황사 순환에 관한 제 발표를 들은 후 어떤 사람이 찰스 다윈Charles Dawin이 비글 호를 타고 항해할 때 발견했던 것과 저의 발견을 연관시켜 설명할 수 있냐고 질문했어요. 지질학자 월터 알바레즈Walter Alvarez는 공룡을 죽인 운석에서 떨어져 나온 것들을 보여주었죠. 학생들과 교수들은 자신들의 연구 범위를 넘어서는 최신 정보도 알고 있었고, 좋은 에너지가 느껴졌어요. 학생들은 똑똑했고, 저는 새로운 것들을 배울 수 있겠다고 생각했어요."

이네즈는 1997년 그 자리를 지원했고, UC 버클리 대학 기후연구센터의 초대 책임자가 되었다. 남편 짐은 근처에 있는 로런스-버클리 국립연구소Lawrence-Berkeley National Laboratory에서 해양 연구 일을 하게 되었다. 이네즈와 짐은 짐을 쌌고, 그들이 과학에서 평생 추구하고자 하는 매력적인 기회를 찾아 다시 이사했다.

이네즈는 비판이나 때때로 엄습하는 좌절을

두려워하지 않는다.

"비판이나 좌절은 별로 치명적이지 않아요.

오히려 어떤 것을 가르쳐주죠."

1997년 오스트레일리아에서 열린 어느 회의에서 이네즈는 데인트리 강Daine Tree River에서 야외 채집하는 생태학자들과 함께 다녔다.

9장

얼음과 탄소

이네즈를 위해 지구 끝의 어떤 장소 역시 기후와 관련된 퍼즐 조각을 간직하고 있을지 모른다. 보스토크 연구소Vostok Research Station는 남극 빙판 위에, 지구에서 가장 차가운 온도 화씨 −12.9도(섭씨 −24.9도)를 기록했던 장소에 자리 잡고 있다. 학자들은 1992년부터 1998년까지 작업해 보스토크의 지면 3킬로미터 밑에서 얼음 코어ice core를 채취했다. 이 코어에는 고대 지구의 대기에 포함된 가스 기포층이 있다. 또한 이 코어에는 지난 네 번의 빙하기를 포함해 42만 년 동안 지구에 쌓여온 눈, 황사, 화학물질 등이 있다.

기후 모델은 새로운 현상을 설명해야 한다. 보스토크의 코어에는 기후 모델 종사자들이 도전해볼 만한 요소들이 있다. 이들 코어는 모델 연구를 시작하는 사람들에게 지난 빙하기보다 더 따뜻한 간빙기 동안 지구 대기의 온실가스 농도를 알려준다. 기후 모델은 과거 기후를 알아내는 데 이러한 단서를 사용할 수 있을까?

1990년대 후반 보스토크 연구소 과학자들은 고대 지구 대기의 가스 기포들을 함유한 3킬로미터 깊이의 얼음 코어를 뽑아 올리고 있다.

해답이 빙하 속에 있다?

얼음 코어 샘플은 지구의 미래 기후가 어떨지 그 단서도 가지고 있을 것이다. "이게 바로 제가 시내를 걸어 돌아다니면서 생각해본 것들이죠."라고 이네즈는 농담 삼아 말한다.

이네즈에게 보스토크 얼음 코어는 바로 해결되기를 간절히 바라지만, 깊이 파묻혀 있는 비밀 같은 존재다. 코어 샘플은 대기에서 이산화탄소가 가장 낮게는 약 200ppm이고, 높게는 280ppm까지 상승했음을 보여준다. 오늘날 공기 중 이산화탄소의 농도는 약 380ppm로, 거의 50만 년의 세월보다 더 높다는 의미다.

"우리는 이미 얼음 코어의 최고 한도를 넘어섰어요. 그래서 우리는 지구의 기후가 얼마나 복원력이 있는지 알아내려고 해요." 이네즈의 이 말을 달리 표현하면, 재앙이 발생하기 전에 얼마나 많은 양의 이산화탄소가 공기 중으로 유입될 수 있는지를 의미한다.

이네즈는 새로운 연구가 될 만한 의문점을 많이 가지고 있다. 예를 들어, 그 코어는 기후변화에서 황사의 역할을 포함해 새로운 의문점들에 대한 대답을 줄 수 있다. 그것은 빙하기에 황사 수준이 높았다는 것을 보여주고, 그런 발견은 이치에 맞는 것처럼 보인다. 증가된 황사는 지면이 태양 복사를 흡수하기보다는 오히려 산란시킬 것이고, 이는 지표면의 냉각을 가중시킬 것이다. 그러나 또 다른 냉각 기제, 즉 황사 속의 철 성분과 관련된 것이 있지 않았을까?

과학자들이 알고 있듯이, 해양의 물에 도달한 황사 입자들은 철 성분을 포함한다. 철 성분은 해양에서 식물이 더 잘 성장하도록 도와준다. 2000년도의 어느 논문에서 이네즈는, 철 성분은 식물이 질소를 더 잘 사용하도록 도와주므로 바다 식물의 성장을 북돋워준다고 언급했다. 식물은 광합성을 위해 질소가 필요하다. 바다 식물의 광합성이 증가하면 더 많은 양의 이산화탄소를 사용한다. 따라서 식물이 대기로부터 이산화탄소를 흡수하기 시작한다. 가능한 결과 아닌가? 지구는 열을 유지하는 능력이 약해진 상태다. 따라서 해양에서 증가된 황사는 대기의 이산화탄소를 감소시키고 지표면을 냉각시킬 수 있다.

이네즈가 황사에 대해 쓴 1995년 논문처럼, 인류가 지표면에서 식물을 제거하고 헐벗은 지면을 드러나게 하는 행위 등등 때문에

남극에 있는 보스토크 연구소는 1950년대 후반 이후 연중 운영되고 있다. 높은 착빙 장치는 남극의 빙하 샘플을 들어 올리는 데 사용된다.

대기에서 황사의 양이 늘어난다. 게다가 지구의 기후가 뜨거워지면서 건조한 지역이 늘어만 간다. 바람은 이런 지역에서 건조하고 이미 바닥 위로 드러난 흙을 들어 올려 대기 속에 그 흙을 흩뿌릴 수 있다.

지구 온난화가 지구의 냉각을 일으킬 수 있을까? 흥미로운 질문이다. 그러나 이네즈는 그렇게 될 것이라 생각하지 않는데, 적어도 지금은 아니라고 생각한다. "빙하기가 올 시기는 되었을지라도, 빙하기로 되돌아갈 방법은 없어요. 우리 발이 페달을 밟고 있고, 점점 증가 일로에 있는 이산화탄소를 대기에 싣고 있기 때문이에요." 과거에는 기후가 갑작스럽게 바뀌기도 했지만, 기후 과학자들은 그런 전환의 계기가 뭔지 확실히 모른다. 그러나 이네

덴버에 있는 국립 얼음 코어 연구실. 보스토크 연구소와 다른 곳에서 온 얼음 코어(삽입 사진)는 지구 기후에 대한 50만 년 동안의 비밀을 간직하고 있다.

즈의 관점에 따르면, 급격한 기후 전환이 다시 일어나기 전에 대기가 인내할 수 있는 한계를 인간이 시험하고 있다는 것이다.

그런 기후 전환의 형태가 이네즈의 흥미를 끌 것이다. "마지막 빙하기 무렵에, 대기의 이산화탄소량이 감소했고 기후가 선선해졌다는 걸 우리는 알고 있어요. 황사가 많았다는 것도요. 아마 황사 때문에 해양에서 더 많이 생긴 철분은 수중 생산성을 촉진시켰겠죠. 따라서 대기의 이산화탄소를 더 많이 흡수했을 테고, 그것은 냉각 현상을 가중시켰을 거예요."

이네즈에게 이것은 바로 또 다른 질문으로 이어지게 한다. "어째서 그런 냉각 현상이 계속되지 않았을까요? 달리 말해, 빙하기의 원인이 된 냉각 현상에 무엇이 방해를 해서 다시 지구가 따뜻해졌을까요?" 이네즈는 이것을 알 수 없다. 그러나 그녀는 시내를 걸어 돌아다니면서, 그녀는 미래의 어느 날 그녀에게 대답해줄 질문들을 마음속으로 만들어가고 있다.

딱 한 가지의 추가 질문

이네즈는 가설을 만드는 것을 좋아하며 이 이론들을 가지고 논쟁을 벌인다. 그녀는 대체로 자신의 가설이 옳았음을 증명해왔다. 그러나 그것이 그녀에 대한 비판을 피했다는 얘기는 아니다. 1990년의 논문을 떠올려보자. 그녀는 대기에서 자취를 감춘 것처럼 보이는 이산화탄소를 북반구의 육지가 흡수했다고 그 논문에서 언급했다. 대다수 과학자들은 그녀의 이론이 터무니없다고 생각했다. 새 데이터가 그녀가 옳았다는 것을 뒷받침하기까지는 그랬다. 그리고 더 최근의 논문에서 이네즈는 인간의 활동이 대기 중 황사의 절반 정도를 일으킨다고 주장했다. "그 가설은 제 몸에 공격 목표점을 표시한 것이나 마찬가지였어요. 마치 사격 연습의 표적 같았죠. 하지만 그런 과정을 겪었기에 우리는 이제 황사 관측을 좀 더 수월하게 할 수 있어요."

이네즈는 비판이나 때때로 엄습하는 좌절을 두려워하지 않는다. "비판이나 좌절은 큰 문제가 아니에요. 오히려 어떤 것을 가르쳐주죠." 실제 이네즈는 가끔씩 논쟁을 즐기도 한다. "만일 제가 강연을 하는데, 모든 사람이 그냥 앉은 채 제 말에 동의를 표한다고 생각해보세요. 얼마나 지루하겠어요? 저는 갑론을박 주고받는 것을 좋아하죠. 그것은 겨루어볼 만한 상대방과 하는 테니스 게임 같은 거예요."

과학자들은 또한 미묘한 유머 감각이 있어 얻는 만큼 줄 수 있다. "제가 어떤 모임에 갔는데 어떤 젊은 남자가 해양으로 철분이 유입되는 현상을 가지고 이야기하고 있었죠. 그는 자기가 가진 황사 지도를 근거로 장황한 설명을 펼쳤어요. 그래서 내가 일어서서 그 지도가 얼마나 믿을 만하냐고 물었죠. 그가 말하길, 잘 모르겠으나 어떤 여자가 그 지도를 믿고 있다는 거예요. 그래서 제가 다시 질문을 던졌죠. 그 여자가 옳은 일을 했다는 데 대해서 당신은 얼마나 믿고 있느냐고요. 그때 그 모임에 온 모든 사람들이 웃기 시작했어요. 그들은 그 지도를 책임지고 만든 여자가 바로 나였다는 것을 알고 있었기 때문이죠."

탄소로 돌아가서

이네즈는 자기 소신을 주장하고 지지 않으려 하는 것으로도 유명하다. 수십 년 전 홍콩에서 미국으로 건너온 조용하고 젊은 이네즈와는 많이 달라진 것이다. 미국과 몇몇 유럽 국가들은 이네즈가 수년 전 내놓은 견해 때문에 지금 새로운 탄소 모델을 운용하고 있다.

이네즈는 이제 NASA 소속이 아니라서 GISS 모델을 가지고 연구하지 않는다. 미국 대학의 과학자들이 그렇듯이 그녀는 미국 국립대기과학연구소National Center for Atmospheric Reseach(NCAR)의 지역 기후 시스템 모델Community Climate System Model(CCSM)을 가지고 연구하고 있다.

수년 전 이네즈와 동료 과학자 스콧 도니Scott Doney는 NCAR 과학자들을 설득해 그들의 기후 모델에 탄소 모델을 추가하도록 했

1997년 오스트레일리아에서 열린 이산화탄소 관련 회의 때 이네즈와 동료 과학자들은 맹그로브 숲을 탐사했다. 맹그로브는 어류와 다른 동물들이 살 수 있는 해안의 주요 서식지가 되며 또한 탄소 순환에도 한몫을 담당한다.

다. "저는 그들에게 '당신들은 이게 필요할 거예요. 당신들이 아직 그걸 몰라서 그렇지.'라고 말했어요."

옛 모델처럼, 이네즈가 개발한 새 모델도 탄소 순환의 진행 정도에 따라 달라진다. 차이가 있다면, 과거의 모델에서는 그녀가 대기의 이산화탄소 값을 명시해야 했다는 점이다. 그렇게 하면 모델은 기후 시나리오를 만들어냈다. 이 새 모델은 이산화탄소를 예측한다. 그녀는 농담 삼아 이야기한다. "누가 알겠어요. 새 모델이 잘못되어 더 새롭고 흥미로운 길로 인도할는지……."

새 모델은 이네즈와 몇몇 동료들이 지난 20년 동안 해왔던 연구 결과를 바탕으로 만들어졌다. NASA의 과학자 짐 터커Jim Tucker는 광합성이 이루어질 때 식물의 잎들이 에너지를 어떻게 사용하는지 알아냈다. 그는 지표면에서 매달 그리고 해마다 광합성의 변화 양상을 추적하는 인공위성을 사용하는 방법을 개발했다.

터커가 NASA 과학자로 있었을 때 피어스 셀러스Piers Sellers는 온도, 햇빛, 습도가 식물에 어떤 영향을 주기에 식물이 성장하면서 공기로부터 이산화탄소를 흡수하는지, 그리고 그 식물이 어떻게 물을 잃으면서 서늘해지는지 알아냈다. 그후 피어스는 언제 어디서라도 지표면에서 일어나는 광합성의 양을 나타내는 방정식을 만들어 터커의 지도를 뒷받침했다. 밥 디킨슨Bob Dickinson은 식물이 물을 사용하는 방법과 이 물이 기후에 어떻게 영향을 미치

이네즈가 동료 피어스 셀러스(왼쪽)와 밥 디킨슨과 함께 사진을 찍었다. 이 세 명의 과학자들은 짐 터커와 함께 생물권이 지구에서 어떻게 작용하는지 연구하는 데 필요한 청사진을 만들었다.

는지 밝혀냈다. 그후 이네즈는 대기로부터 유출되고 대기로 유입되면서 이동하는 이산화탄소의 양에 이 모든 현상들이 어떻게 영향을 주는지 규명해냈다. 처음으로, 이 과학자들은 전 지구적인 규모로 생물권이 어떻게 작용하는지 수학적으로 설명할 수 있었다. 이네즈는 자신의 새로운 기후–탄소 모델을 개발할 때 이 방정식들을 사용했다.

새 모델은 공기 중의 이산화탄소량이 기후를 결정하는 데 도움이 되듯이 기후도 공기 중의 이산화탄소량을 결정하는 데 도움이 된다는 사실을 고려하기 때문에 아주 독특하다. "기온과 강수량이 변하면 식물의 광합성 속도와 분해 속도가 변해요."라고 이네즈는 설명한다. 기온과 강수량이 공기 중으로 보내고 공기로부터 흡수하는 이산화탄소의 양에 영향을 미친다. "지구 온난화는 또한 해양 순환을 느리게 할 수 있고 공기 중으로부터 이산화탄소가 제거되는 양을 결정하죠. 이런 요인들 때문에 대기 중 이산화탄소의 수준뿐만 아니라 기후 자체도 변합니다."

MIT 시절 이네즈의 친구였던 기후 과학자 에드 새러킥은 이렇게 이야기한다. "대체로 대기를 바로 해양과 육지에 연결하지는 않습니다. 탄소 순환을 대기, 해양, 육지에 연계시키고, 이에 따라 기후가 변하면서 이산화탄소의 농도를 얻는 방식으로 진행됩니다. 이네즈가 처음 이런 제안을 했죠."

그것은 모두 전체를 조망한 사진을 얼마나 많이 보느냐에 달려 있다. 이네즈는 다음과 같이 설명한다. "저는 이제 '왜'라는 질문 속으로 점점 더 깊이 들어가고 있어요. 이산화탄소의 수준은 왜 변하는가? 이에 대한 해답을 얻으려면, 매년 얼마나 많은 화석연료를 태우고 있는지, 육지 체계와 해양이 화석연료를 얼마나 가져가는지 알아야 하죠. 제가 황사에 관심을 갖게 된 것은 태양이 지면과 대기 양쪽을 가열하는 정도에 변화를 주기 때문이에요. 황사는 해양에 철분을 전해주고, 이는 바다의 생태계에 변화를 줍니다. 그것은 다시 대기의 이산화탄소량에 영향을 주는 현상으로 이어집니다. 그래서 저는 점점 더 많은 문제들을 꾸준히 받아들이고 있어요."

이것이 이네즈의 강점들 중 하나다. 그녀는 여러 분야의 지식을 갖추어 있고 기후와 관련된 퍼즐 조각들을 조립해나갈 수 있다. 기후변화에 대한 지식을 눈부시게 향상시키면서 말이다.

이네즈는 지구 기후변화 분야의 선구적인 연구로

몇 차례 상을 받았다.

2002년 이네즈는 기후변화와 연관된 탄소 순환과 그 밖의 요인에 대한 연구에서 공로를 인정받아 국립과학원 회원이 되었다.

10장

앞으로 나아가다

홍콩에서 태어나 보스턴, 워싱턴, 뉴욕에 이어 빅토리아 그리고 이제 버클리까지. 어떤 사람들은 태어난 곳에서 그렇게 멀리까지 옮겨 다니지 않는다. 그러나 이네즈 펑은 교육과 직업을 좇아 해양과 대륙을 가로지르며 동분서주했다. 이제 이네즈는 북 캘리포니아 버클리힐스Berkeley Hills에 위치한 아늑한 고택에 정착했다. 그녀가 말한 대로 학교에서 차로 약 20분 거리의 오르막 언덕에 있는 고택이다.

이네즈와 남편 짐은 둘 다 바쁘게 살아왔다. 짐은 해양학자로서 해양의 탄소 순환을 연구하고 있다. "이네즈의 일과 제가 하는 일이 뭐가 다른지 알고 싶다면, 그녀는 해수면까지의 모든 것을 취급하고, 저는 그 밑에서 일어나는 수수께끼를 풀려고 하고

이네즈는 여전히 새로운 도전을 하고 있다.

있습니다." 짐은 자주 관측선을 타고 바다에 나가 데이터를 수집하느라 몇 주 동안 바다에서 보내기도 한다.

짐과 이네즈가 둘 다 집에 있을 때는 버클리에서 산책을 하거나 해변을 따라 거닐기 위해 태평양 해안을 90여 분가량 운전하기도 한다. 시간이 되면 여행도 한다. 최근 하와이 여행 때 이네즈는 마우나로아까지 걷기도 했다. 그녀는 천성이 기후 과학자인 게 분명하다. 수십 년 전에 최초로 대기의 이산화탄소를 측정했던 곳이 바로 그 화산의 꼭대기였으니 말이다. 그녀는 요리 역시 열심히 한다. 주말 오후, 이네즈의 부엌은 실험 장소가 된다. 희소 가스들이 아닌 음식의 실험실이란 뜻이다.

이네즈와 그녀의 절친 린다 로데스트로는 이네즈의 부엌에 모여서 요리하는 것을 좋아한다. 그들은 정성이 많이 들어가는 조리법을 택해서 그 요리를 만들어낸다. 그냥 재미로 하는 요리이만 이네즈의 성격상 약간의 탐구 과정도 곁들인다.

두 과학자는 조리법을 따라 음식을 만들기는 하지만, 어떤 재료는 사용하고 어떤 재료는 사용하지 않는 이유가 뭔지 알려고 든다. 그들은 어떤 조리법은 성공하고 다른 조리법은 그렇지 않은 이유를 밝혀내려고 식재료들을 분석한다. 가끔씩 두 사람은 성대한 파티를 계획하고 저녁 식사를 준비할 때도 있다. "식사 준비를 하기 전에 연습을 해야 하죠."라고 이네즈는 말한다. 또 어떨 때는 식사의 격식을 갖추지 않는다. 그들은 조리법대로 시도해보고 손님을 초대하거나 가까운 친구들 그리고 이웃과 음식을 나누어 먹기도 한다. 간혹 식사 준비가 뜻대로 되지 않을 때도 있다. 어느 날 이네즈와 린다는 굵은 소금으로 만든 외피껍질 속에 넣은 양고기를 구우려고 했다. 린다의 설명을 좀 더 들어보자. "고기 주위를 소금으로 채웠죠. 물기가 약간 있었는지 소금이 녹기 시작했고, 소금이 멀리 퍼지기도 전에 외피가 만들어졌어요. 놀랍게도 고기가 짜지는 않았죠. 외피 내부의 고기는 이상하리만치 부드럽고 촉촉하게 익었거든요. 양고기를 굽기는 했으나 소금으로 된 외피는 석고처럼 됐고, 그 외피가 너무 단단해서 떼어낼 수가 없었어요."

"아, 기억나요. 망치를 들고 와 외피를 부순 사람이 바로 접니다."라고 짐은 말한다. 운 좋게도 그들은 그 구운 고기를 먹을 수 있었다. 이네즈가 자주 언급한 말을 제외하더라도, 실패는 훌륭한 선생님이 될 수 있다. 과학뿐만 아니라 요리에서도 그렇다. "실수를 할 수는 있어요. 그러나 다음에 요리를 할 때 무엇을 하지 말아야 하는지는 알지 않겠어요?"

선생님

이네즈가 집에서 쉬지 않을 때는 주로 버클리 캠퍼스에 있는 널찍하고 어수선한 연구실에서 지낸다. 연구실 바깥쪽 벽에는 인공위성으로 찍은 거대한 사진이 걸려 있다. 그녀가 연구실에도 없으면, 강의실에서 보게 될지도 모른다. 이네즈는 학생들과 뭔가 주고받는 것을 좋아한다. 그녀는 특히 지구과학이나 환경과학의 입문 과정을 가르치고 싶어 한다. 그녀는 적어도 학생 몇 명은 과학 분야에서 일하게 되기를 바란다. 그 학생들이 수강 신청 당시에 그럴 생각이 전혀 없었을지라도 말이다. 그녀는 학생들의 이목을 끌고 호기심을 북돋우기 위해 최선을 다한다. 이 방식은 여러 해 전에 MIT에서 이네즈의 스승들이 했던 방식이다.

매주 열리는 1학년 세미나 때 이네즈는 학생들과 점심을 먹는다. 샌드위치를 함께 먹으면서 대기에 대하여 이야기를 주고받곤 한다. "학생들은 영리하고 생기발랄해요."라고 이네즈는 칭찬 겸 부러워하는 투로 말한다. 많은 학생이 이민 1세대의 자녀이며 그들의 부모 중 일부는 어렵게 살아가고 있다. 그 학생들은 버클리 대학에 들어오려고 열심히 공부했으며, 그 학교를 다닌다는 것은 그들에게 큰 의미가 있다.

이네즈는 가르치는 게 재미가 있어서 삶이 즐겁다. 이 말을 이네즈는 이런 식으로 표현한다. "저는 가르치는 것이 좋고, 제가 만든 방정식들을 진짜 좋아해요. 특히, 1학년 학생들에게 물리학과 생물학이 어떤 분야인지 이야기하고, 그것이 왜 중요한지 설명하는 게 좋아요. 그 심정은 훌륭한 영화를 보거나 좋은 책을 읽는 것이나 마찬가지죠. 좋은 영화나 책을 보면 다른 사람에게 이야기해주고 싶잖아요."

만일 당신이 이네즈의 강의를 듣는다면, 당신은 누가 강의실을 찾아올지 전혀 알지 못할 것이다. 그녀는 가끔 과학자 친구들을 강의실에 초청해 그들이 발견한 내용이나 여행 경험담을 이야기하도록 한다.

이네즈는 1980년대와 1990년대 초반 NASA의 과학자였을 때 피어스 셀러스와 연구 프로젝트를 함께 수행한 적 있다. 그후 피어스는 꿈을 이루고자 노력했고, 마침내 1996년에 우주 비행사가 되었다. 그는 우주 왕복선 아틀란티스Atlantis를 타고 비행했으며 몇 번의 우주여행을 다녀왔다.

피어스는 버클리를 지나갈 때 이네즈의 강의실에 들러 우주에서 겪은 경험을 이야기함으로써 학생들을 감동시켰다. 그는 옛 친구를 위해 그렇게 하는 것이 좋았다.

피어스는 이렇게 말한다. "이네즈는 아주 훌륭한 과학자이며, 남을 배려해주고 유머러스한 진짜 좋은 친구이자 동료예요. 사람들은 그녀 주위에 모이기를 좋아하고, 그녀를 도와주고 그녀의 성공을 기쁘게 생각합니다."

이네즈가 옛 친구들과 계속 연락을 취하는 방식은 잘 알려져 있다. 여기 그녀와 짐(맨 왼쪽)이 그들의 옛 스승 에드워드 로렌즈(모자 착용)와 버클리 대학의 제임스 커시너와 함께 샌프란시스코 부근 타말파이스Tamalpais 산을 오를 때 찍은 사진이다. 버클리 대학(위)은 지금 이네즈가 연구와 강의를 열심히 하고 있는 곳이다.

환경을 보호하다

한 사람의 선생으로서, 이네즈는 기후 연구자로서 생각하는 것과 같은 방식으로 생각한다. 그녀는 크게 보면서 관심을 가지고 있는 문제들의 해결책을 찾으려고 애쓴다. 학생들을 가르칠 때도 이네즈는 '교양 있는 시민들을 만들려면 무엇을 해야 하는가?'라는 관점에서 문제를 고민한다. 그 질문에 대답을 할 때마다 그녀는 자연환경에 대한 지식을 포함시켰다.

이네즈가 요즘 새로 열정을 쏟는 분야는 환경 관련 교육이다. 그녀는 환경을 이해하는 게 교양을 갖춘 인간이 되는 데 결정적이고, 역사와 수학을 아는 것만큼이나 중요하다고 생각한다.

이네즈는 UC 버클리 대학에서 새로운 환경 교육 프로그램을 시작하려는 팀의 지도자 중 한 명이었다. 그들은 전교생에게 환경 교육을 시키려고 했다. 이네즈는 다음과 같이 설명한다. "사람들은 지구의 자연 체계에 의존을 많이 하잖아요. 그 자연 체계가 사람들에게 어떻게 도움을 주는지 당연히 알아야죠." 이런 취지의 일환으로 그녀는 중요한 환경 문제를 함께 해결하려고 UC 버클리 대학의 각 분야 최고의 권위자로 구성된 팀을 꾸렸다.

이네즈는 지구의 자연 체계가 작동하는 방식과, 인간의 행위가 이 체계의 균형을 깼을 때 어떤 일이 일어나는지 잘 알고 있다. 그것은 자원의 고갈, 식물과 동물의 죽음, 기후 패턴의 변화로 이어진다.

"저는 지구의 전체 체계가 어떻게 조화를 이루어가는지 지대한 관심과 존경의 눈길로 지켜본답니다. 사람들이 환경을 이해한다면 자기 자신을 지속적으로 살아가게 하는 게 뭔지 알게 될 거예요. 사람들은 매일매일 자신의 행위가 장기적으로 무엇을 의미하는지 알아야 합니다. 지구 체계가 생명체의 생존에 어떤 영향을 주는지 알아야 한다는 것이죠."

명예로운 여성

이네즈는 지구 기후변화 분야에서 선구적인 연구로 수차례 수상의 영광을 누렸다. 2001년 그녀는 미국 국립과학원National Academy of Sciences 회원으로 선출되었다. "제 부모님은 특유의 조용한 방식으로 기뻐하셨죠. 부모님은 이제 연로하셔서 과학원 입회 축하 여행은 무리였어요. 입회식 때 어머니의 드레스를 입었죠. 어머니는 '할머니가 살아 계셔서 이걸 보셨어야 했는데……' 하며 아쉬워했어요."

2004년 12월 이네즈는 세계에서 가장 큰 규모의 미국 지구물리학회America Geophysical Union로부터 레빌상Revelle Medal을 받았다. 이 상은 지구과학에 탁월한 업적과 공헌을 한 사람에게 수여되는 국립과학원에서 발급한 이네즈의 회원증(오른쪽). 이네즈가 회원이 된 두 명의 여자와 함께 포즈를 취하고 있다. 식물학자 팻 잠브리스키(가운데)와 생체역학자 미미 코홀이다.

To all Persons to whom these Presents shall come
GREETING.
This Diploma Witnesseth
that Inez Yau-Sheung Fung
National Academy of Sciences of the United States of America

데, 지구 온난화의 위험을 경고해온 해양학자 로저 레빌의 이름을 딴 상이다.

이네즈는 두 번째로 나이 많은 여성 수상자였고, 메달 수여식에서 다음과 같이 소개되었다. “이네즈는 과학 분야의 선구자입니다. 대부분의 과학자들이 주요 연구 영역이라고 깨닫기 전부터 여러 가지 중요한 발견을 했습니다. 그녀는 그동안 새로운 생물지리학 분야에서 튼튼한 토대를 세웠고, 또한 오늘날 사용하고 있는 주요 모델링과 수치 분석 기법을 개발했습니다.”

2004년 미국 지구물리학회 회장, 존 오컷John Orcutt은 이네즈에게 로저 레빌상을 수여했다(왼쪽). 이네즈(앞줄, 가운데)는 1998년 바티칸 시에서 열린 바티칸 과학학술원Pontifical Academy of Sciences와 같은 국제회의에 자주 참석했다.

이네즈는 로저 레빌에 대해 특별한 존경과 애정을 갖고 있다. 레빌은 그녀가 일했던 과학위원회에서 초대 회장을 맡았는데, 그녀와 일한 후 이네즈를 가리켜 아주 '비범한' 여성이라고 언급했다. 이 상을 받으면서 이네즈는 과학자 레빌의 영향력을 이야기한 바 있다. 그는 수많은 과학자들이 지구 온난화의 중요성을 깨닫기 훨씬 전부터 연구해왔다. 케네디John F. Kennedy가 대통령일 때 파키스탄에서 했던, 거의 알려지지 않은 연구에 대해서도 이야기했다. 레빌은 파키스탄의 관개 시스템이 자리를 잡는 데 기여해 그

나라의 가난한 농부들이 식량을 많이 수확하게 되었다. 이네즈는 이 일이 '평화를 위한 지구과학'의 사례였으며 자신의 영감을 불러일으켰다고 설명했다.

진정한 친구

이네즈에게 레빌상보다 더 중요한 것은 30년 전 MIT 학창 시절 이후 교류해온 학계의 동료들이다. 그들은 서로의 일을 의논하고 친구로 지내왔다.

이네즈는 미국 전역의 바쁜 과학자들을 불러 모임을 계획하는 총무 노릇을 한다. 모임에서 예순 살이 되는 회원이 있으면 이네즈는 축하 파티를 준비한다.

이탈리아 베네치아에서는 에우헤니아 칼나이의 예순 번째 생일을 기념했다. "이네즈의 마음씀씀이와 모임을 꾸려나가는 능력을 보여준 행사였어요. 모든 사람들을 불러모아 만찬 자리를 가졌는데, 정말 끝내줬어요."라고 기상학 교수 에우헤니아는 술회한다.

에드 새러킥은 캘리포니아 나파 밸리Napa Valley의 포도주 양조장에서 있었던 자신의 예순 번째 생일 파티를 기억하고 있다. "이네즈는 회원들을 위해 바로 그런 일들을 한답니다. 작년 12월에는 샌프란시스코에 있는 아주 근사한 음식점에서 저녁 모임을 가졌죠." 마크 케인과 자가디시 슈클라의 생일 축하 파티였다.

마크는 이네즈가 MIT 대학원생 시절에도 모임의 토요일 행사 주최자였다고 기억한다. "이네즈는 우리 모두가 계속 연락하며 지내도록 해주었죠. 무척 자상하고 성실한 사람이에요."

생일날 해볼 만한 일

2005년 당시 쉰여섯 살의 이네즈는 벌써 예순 번째 생일을 계획하고 있었다. 그날이 오면 그녀는 샌프란시스코 만을 가로질러 수영할 것이라고 했다. 그녀는 앨커트래즈 섬Alcartraz Island에서 출발해 샌프란시스코 어시장Fisherman's Whart에서 마칠 예정이다. 그래서 그녀는 연습을 할 수영장을 이리저리 알아보고 있으며 잠수복을 사려고 생각하고 있었다. 샌프란시스코 만의 차갑고 거친 바다에서 몸을 따뜻하게 유지하기 위해서다. "아직 물에 들어가 보지는 않았지만 훈련할 시간이 거의 5년이나 있어요."

이네즈는 이런 농담도 한다. "우리 모임에서 단체로 클럽에 갈 예정인데, 나이 많고 늘 앉아서 일하는 사람들을 위한 클럽을 찾아야겠어요." 혹시 그녀는 자신의 체력이 따라주지 않을까봐 걱정할까? 전혀 아니다. "두 시간 정도만 가뿐하게 수영하면 되는데

오스트레일리아 과학자들과 함께 찍은 사진. 왼쪽에서 네 번째에 이네즈가 서 있다(위). 이네즈는 늘 친구들과 동료들을 귀중하게 생각한다. MIT에서 만난 친구 안토니오 마우라(왼쪽)와 자가디시 슈클라(오른쪽).

요." 어린 시절 남중국해의 따뜻한 바닷물에서 자주 수영했던 여인은 그 정도로 가볍게 얘기한다.

이네즈는 그 생각만 하면 기분이 좋다. 재미도 있고 도전해볼 만한 일이기 때문이다. 아직까지 친구들 가운데 같이 수영하겠다는 사람은 없다. "남편은 카약을 타고 뒤에서 따라오겠다는군요." 라며 이네즈는 남편 생각을 하며 웃는다. "사실 남편은 물에 잘

떠 있지 못하거든요." 오래된 친구로 이네즈에게 GISS에서 일해 보라고 처음 권유했던 마크 케인이 혹시 함께 수영하겠다고 할지도 모른다. 만일 그렇게 된다면 그녀는 좀 더 따뜻한 물에서 수영할 것이다. 혹시 플로리다로 가서?

이네즈는 과연 예순 번째 생일 파티 때 바다 수영을 해냈을까? 누가 알겠는가? 그러나 이네즈 펑이 어떤 것을 하기로 마음먹었다면 '못한다' 쪽에 내기를 거는 것은 현명하지 못한 일일 것이다.

감사의 말

많은 시간을 들여 자신의 삶과 일에 대해 이야기해준 이네즈 펑에게 감사의 말을 전한다. 이 이야기를 제대로 풀어내기 위해서는 이 책의 편집자들과 사진 연구자들이 함께 작업을 해야 하는 경우가 많았는데, 이네즈는 이러한 수많은 상황에도 친절하게 동의해주었다. 그녀는 일에 대한 열정과 믿기 힘들 만큼 놀라운 성과로 가득한 삶을 살았다. 그리고 오랜 동료들과 가까운 친구들과 지적인 우정을 나누는 축복을 받았다. 나는 그녀가 성취한 업적뿐 아니라, 그녀를 알고 그녀와 함께 일한 사람들로부터 전해지는 존중과 애정에도 끊임없이 감동을 받았다. 또한 어려운 도전에 직면해서 그녀가 보여준 끈기와 유머에 감동했다. 바쁜 일정에도 이네즈 펑의 삶과 경력에 대해 이야기할 시간을 내주신 짐 비숍, 마크 케인, 에우헤니아 칼나이, 에드 새러킥, 린다 로데스트로, 그리고 피어스 셀러스에게도 감사하다는 말을 전한다.

걸어온 길

1949 4월 11일, 홍콩에서 출생.

1967 킹스 칼리지King's College(수학과 과학을 전공하려는 학생을 위한 대학 준비 학교) 졸업. 홍콩의 정치적 소요 사태로 이네즈의 부모는 자식들을 북아메리카의 학교로 유학 보냄.

1971 매사추세츠 공과대학(MIT)에서 응용수학 학사 학위를 받음.

1976 MIT 동료 대학원생 짐 비숍과 시댁이 있는 캐나다 밴쿠버에서 결혼함.

1977 MIT에서 기상학 박사 학위를 받음. 그 당시 MIT에서 두 번째로 박사 학위를 받은 여성임. 그녀의 학위 논문은 그해 최고의 기상학 논문에 주어지는 로스비상 수상. 메릴랜드 그린벨트에 있는 NASA의 고다드 우주항공센터(GSFC)에서 박사 후 연구원 생활을 시작함.

1979 뉴욕에 있는 고다드 우주연구소(GISS)로 옮김.

1981 최초로 3차원 지구 탄소 모델 개발.

1986 미국 시민권 취득.

1987 NASA 과학자 두 명과 함께 탄소 순환 관련 연구로 NASA로부터 탁월한 과학 업적 훈장을 받음.

1990 공동 연구로 대기 중에 이산화탄소 '사라짐'에 대한 획기적인 발견.

1991 3차원 메탄가스 지구 모델 관련 논문 발표.

1993 빅토리아 대학교에서 학생을 가르치고자 캐나다 밴쿠버로 이사.

1995 박사 후 연구원 이나 테겐과 한 팀이 되어 대기 중의 황사와 기

후 변화를 연관시키는 황사 모델 개발.

1997 캘리포니아 주립대학의 버클리 기후연구센터의 수석 연구원으로 임명.

2001 미국 국립과학원 회원으로 선출.

2004 지구과학에 대한 크나 큰 공헌으로 미국 지구물리학회로부터 레빌상을 받음.

2007 미국 국립대기연구센터 학술상 수상.

2016 이네즈와 짐은 버클리에 살고 있음(짐은 해양학자로, 이네즈는 학생들을 가르치고 있음).

용어 설명

이 책은 기후변화를 초래하는 대기의 여러 상황과 기후를 연구하는 과학자의 이야기다. 대기란 지구를 둘러싸고 있는 기체들의 층으로 'atmosphere'라는 단어는 그리스 어원의 'atmos'에서 유래하고, '증기'라는 뜻을 지닌다. 그리고 'sphaera'는 라틴어로 '구형'을 의미한다. 과학에서 쓰이는 단어는 주로 그리스 또는 라틴어를 어원으로 갖고 있다. 용어 설명에서는 이 책에 나오는 과학 단어가 포함되어 있다. 더 자세한 것을 알고 싶으면 사전을 찾아보길 바란다.

광합성photosynthesis : 녹색식물의 세포가 빛이 있을 때 공기에서 흡수한 이산화탄소와 흙에서 흡수한 물과 영양소를 결합시켜 식물 생장에 필요한 포도당과 같은 탄수화물을 만드는 과정. 이때 산소가 방출된다.

구름cloud : 공기 중에 떠도는 가시적인 입자의 더미. 지구 대기권에 있는 구름은 미세한 물방울이나 얼음 조각으로 이루어져 있다.

기상학meteorology : 대기와 특히 기후와 관련된 대기의 상황들을 연구하는 학문.

기후climate : 수년간에 걸친 어떤 지역이나 지방의 평균적인 기후 상태. 기후 조건은 온도, 강수량(강우량 또는 강설량), 바람의 속도를 포함한다.

기후 모델climate model : 기후를 결정하는 조건들을 가정해보는 컴퓨터 프로그램.

날씨weather : 온도, 강수량, 바람, 구름 등의 변인을 포함하는 특정 장소와 시간에서의 대기 상태.

빙하기ice age : 지구의 역사에서 평균 지구 온도가 내려가고 빙하가 광범위하게 육지를 뒤덮었던 여러 시기 중 하나.

생물권biosphere : 동식물을 포함한 지구 환경의 살아 있는 부분.

생물지구화학 순환biogeochemical cycles : 대지, 공기, 해양, 생명체 사이에 중요한 화학물질을 이동시켜 지구의 생명체를 유지하게 하는 순환.

생태계ecosystem : 살아 있는 생명체들 사이의 상호작용과 생명체와 환경 사이에 상호작용하는 생명체들의 사회.

생태학ecology : 식물, 동물, 그 밖의 생물과 환경 사이의 관계를 연구하는 학문.

순환cycle : 규칙적으로 일어나고 출발점으로 되돌아가는 일련의 사건이나 작용.

온실효과greenhouse effect : 지구에 생명체가 살아갈 수 있게 지구의 하층 대기를 따뜻하게 유지하는 현상. 온실의 유리처럼 대기 중의 이산화탄소와 여러 기체들은 적외선을 흡수해 지표면과 하층 대기가 따뜻해진 지구로 다시 보낸다.

유체역학fluid dynamics : 바닷물 같은 액체와 대기 중의 가스 같은 기체의 이동을 다루는 과학의 한 분야. 라틴어 'fluere'에서 기원하여 '~로 흐르다'를 의미하며, 그리스어 'daynamis'는 '힘'을 뜻한다.

이산화탄소carbon dioxide : 지구 대기에 저절로 생기고, 화석연료를 연소시키는 인간 활동의 결과로 발생하는 기체. 지구 온난화의 주된 원인이다.

증산transpiration : 식물 잎의 미세한 구멍들을 통해 수증기가 빠져나가는 과정.

지구 온난화global warming : 대기 중의 이산화탄소량과 그 밖의 온실가스가 증가해 지표면과 하층 대기의 온도가 올라가는 현상.

지구계 모델 Earth systems model : 대기, 해양, 지구에 생명체를 유지하게 하는 하나 또는 그 이상의 생물지구화학 순환을 가정해보는 컴퓨터 프로그램.

탄소 순환carbon cycle : 생물과 무생물 환경(해양, 토양, 대기) 사이에 존재하는, 여러 형태의 지속적인 탄소의 이동.

태풍typhoon : 서태평양에서 발생하는, 최소 시속 74마일을 지닌 열대성 저기압의 격렬한 바람. 북아메리카에서는 허리케인이라고 부른다.

해류ocean current : 해양에서 어떤 특정 방향으로 빠르게 움직이는 바닷물의 흐름.

호흡respiration : 동물과 식물이 환경으로부터 산소를 흡수해 살아 있는 세포에 제공할 에너지로 전환하는 과정. 식물이 광합성을 할 때 만든 포도당 같은 탄수화물은 에너지, 물, 이산화탄소를 방출하기 위해 산소와 결합한다.

화석연료fossil fuel : 수백만 년 전에 죽은 생명체로부터 생성된 석탄, 석유, 또는 천연가스 등의 연료. 화석연료는 탄소를 포함한다. 이산화탄소는 화석연료를 연소시킬 때 부산물로 방출된다.

흡수원sink : 대기 중에서 특정 화학물질이 제거되는 과정 또는 화학물질을 제거하는 어떤 물체. 해양은 이산화탄소의 흡수원이다.

여성 과학자에 관한 웹사이트인 www.iWASwondering.org를 방문하면 기후 과학자, 천문학자, 야생 생물학자, 로봇 공학자 등 다양한 분야에 몸 담고 있는 여성 과학자들의 이야기를 접할 수 있다. 게임을 하고, 만화를 즐기고, 과학자가 되는 연습을 해보길 바란다. 재미있게 노는 동안 이 세상을 바꾼 놀라운 여성 과학자를 만나게 될 것이다.

도서

Parks, Peggy J. *Global Warming*. Lucent Library of Science and Technology. San Diego, CA: Lucent Books, 2003. 이 책은 산업화 시대부터 현대까지 지구 온난화에 대한 역사적 관점을 제시한다. 또한 기후 이슈에 경각심을 가진 과학자들과 그렇지 않은 이들의 시각을 보여준다.

Pringle, Laurence P. *Global Warming: The Threat of Earth's Changing Climate*. New York: SeaStar Books, 2003. 이 책은 원자력, 탄소 순환, 해수면 상승에 따른 연안 지역의 손실, 엘니뇨 효과, 에어로졸의 위험에 관한 정보를 포함하고 있다. 또한 지구 대기의 온난화를 늦추게 하는 단계들까지도 다룬다. 많은 사진과 크고 컬러풀한 지도, 도표가 담겨 있다.

웹사이트

EPA: http://yosemite.epa.gov/oar/globalwarming.nsf/content/index.html
미국 연방 정부의 환경보호 에이전시 웹사이트는 지금 상황이 얼마나 심각한지, 문제를 해결하기 위해 우리가 할 수 있는 것이 무엇인지 등을 포함해, 지구 온난화를 둘러싼 질문들의 답을 찾는 데 도움이 되는 곳이다.

NASA's Earth Observatory:

http://earthobservatory.nasa.gov/Library/GlobalWarming

과학자들이 미래의 기후를 예측하는 데 어떤 기후 모델이 도움을 주는지 알아보자. 지구 기상대 홈페이지인 http://earthobservatory.nasa.gov를 찾아가 보는 것도 도움이 될 것이다. 그곳에서는 인공위성 이미지를 볼 수 있을 뿐 아니라 우리 행성에 대해서도 더 많은 것을 배울 수 있다.

NOAA: www.cmdl.noaa.gov/infodata/faq.php

국립해양대기청은 기후 모니터링 및 진단 연구소를 두고 있다. 과학자들이 미래의 기후를 어떻게 예측하는지, 지구 온난화가 우리에게 어떤 영향을 미치는지, 무엇이 기후 변화를 일으키는지 찾아볼 수 있다.

참고 문헌

이 책을 쓰기 위해 이네즈 펑과 그녀의 가족, 친구 및 동료들과 인디뷰했을 뿐 아니라 여러 책을 읽으며 조사했다. 이네즈가 조언해준 자료의 일부를 제시한다.

McKnight, Tom L., and Darrel Hess. *Physical Geography: A Landscape Appreciation*. 8th ed. Upper Saddle River, NJ: Pearson Prentice Hall, 2005.

Miller, G. Tyler. *Living in the Environment*. 13th ed. Pacific Grove, CA: Brooks Cole, 2004.

Moran, Joseph M., and Michael D. Morgan. *Meterology: The Atmosphere and the Science of Weather*. 5th ed. Upper Saddle River, NJ: Prentice Hall, 1997.

National Research Council, Division of Earth and Life Sciences, Committee on the Science of Climate Change. *Climate Change: An Analysis of Some Key Questions*. Washington, D.C. : National Academy Press, 2001.

Tarbuck, Edward J., and Frederick K. Lutgens. *Foundations of Earth Science*. 10th ed. Upper Saddle River, NJ: Prentice Hall, 2003.

Weart, Spencer R. *The Discovery of Global Warming*. Cambridge: Harvard University Press, 2003.

시리즈 자문위원회

이 시리즈를 기획하고 발전시키는 데 수많은 훌륭한 분들이 시간을 내주고 조언해주었다. 시간과 재능을 나누어준 다음 분들에게 감사드린다.

〈전문가 자문단〉

맥신 싱어 Maxine Singer(자문단 위원장) 생화학자. 워싱턴카네기협회 전 회장.

새러 리 슈프 Sara Lee Schupf 새러리 기업Sara Lee Corporation의 수장으로 과학계 여성의 헌신적인 지지자.

브루스 앨버츠 Bruce Alberts 분자세포생명과학자. 미국 국립과학원 회장, 미국 연구위원회 회장(1993~2005).

메이 베렌바움 May Berenbaum 곤충학자. 일리노이 대학교(어배나, 샘페인) 곤충학과 학과장.

리타 R. 콜웰 Rita R. Colwell 미생물학자. 메릴랜드 대학교 및 존스홉킨스 대학교 석좌교수. 미국 국립과학재단 전 이사장.

크리슈나 포스터 Krishna Foster 캘리포니아 주립대학교(로스앤젤레스) 화학·생화학학과 조교수.

앨런 J. 프리드먼 Alan J. Friedman 물리학자. 뉴욕과학관 관장.

토비 혼 Toby Horn 생명과학자. 워싱턴 카네기협회의 과학교육 카네기 아카데미 공동 소장.

셜리 잭슨 Shirley Jackson 물리학자. 렌셀러 폴리테크닉 연구소 소장.

제인 버틀러 케일 Jane Butler Kahle 생명과학자. 마이애미 대학교(옥스퍼드, 오하이오) 과학교육학과 교수.

바브 랭그리지 Barb Langridge 하워드 카운티 도서관 어린이 전문가. WBAL-TV 어린이 도서 평론가.

제인 루브첸코 Jane Lubchenco 오리건 주립대학교 해양생물학과 동물학 교수. 국제과학협의회 회장.

프레마 마타이-데이비스 Prema Mathai-Davis 미국 YMCA 전 회장.

마르시아 맥너트 Marcia McNutt 지구물리학자. 몬터레이만 아쿠아리움 연구소 소장.

팻 스캘스 Pat Scales 사우스 캐롤라이나 예술인문 거버너스 스쿨 도서관 서비스 회장.

수전 솔로몬 Susan Solomon 대기화학자. 미국 국립해양대기청 초고층 대기 물리학 연구소의 원로 과학자.

셜리 틸먼 Shirley Tilghman 분자생명과학자. 프린스턴 대학교 총장

게리 휠러 Gerry Wheeler 물리학자. 국립과학교사협회 전무이사.

〈도서관 자문단〉

미국 전역의 많은 학교와 공공 도서관이 샘플 디자인과 본문을 친절하게 검토해주었고, 책의 포맷에 관한 질문에 답해주었으며, 책을 발간하는 동안 계속해서 전문적인 자문을 해주었다.

배리 M. 비숍 Barry M. Bishop 도서관 정보 서비스 팀장, 스프링 브랜치 교육청(휴스턴, 텍사스)

대니타 에스트먼 Danita Eastman 어린이 책 평가사, 로스앤젤레스 카운티 공공 도서관(다우니, 캘리포니아)

마사 에드먼드선 Martha Dedmundson 도서관 서비스 코디네이터, 덴튼 공공 도서관(덴튼, 텍사스)

달시 페어 Darcy Fair 어린이 서비스 매니저, 벅스 카운티 도서관(야들리, 펜실베이니아)

캐슬린 핸리 Kathleen Hanley 스쿨 미디어 전문가, 코맥 로드 초등학교, (아이슬립, 뉴욕)
에이미 라우티트 존슨 Amy Louttit Johnson 도서관 프로그램 전문가, 플로리다 주립 도서관 및 기록 보관소(탤러해시, 플로리다)
매리 스탠턴 Mary Stanton 청소년 전문가, 자료 선정 사무국, 휴스턴 공공 도서관(휴스턴, 텍사스)
브랜다 G. 툴 Brenda G. Toole 교육 미디어 서비스 감독관(파나마시티, 플로리다)

〈학생 자문단〉

이 시리즈를 비평하고 평가함으로써 도움을 준 다음 학교와 기관의 학생들에게 감사드린다. 디자인과 이야기 진행에 관한 피드백(개선을 위한 정보나 의견)이 본 프로젝트를 진행하는 데 지대한 영향을 미쳤다.

아그네스 어윈 스쿨(로즈먼트, 펜실베이니아)
라콜리나 중학교(샌타바버라, 캘리포니아)
하커데이 스쿨(댈러스, 텍사스)
중부 메릴랜드 걸스카우트, 주니어 걸스카우트 지구대 #545
중부 메릴랜드 걸스카우트, 주니어 걸스카우트 지구대 #212

도판의 출처

Except as noted, all photos courtesy Inez Fung

표지 photo of Ms. Fung, Margaret Gennaro; 16 © 1998 Corbis; 17 © 1999 PhotoDisc; 19(위) Rob Wood, Matthew Frey, Wood Ronsaville Harlin, Inc.; (아래) Courtesy BC Greenhouse Builders LTD; 21(위) Morton Elrod, Glacier National Park Archives; (아래) Lisa McKeon, USGS; 25(위) AP/Wide World Photos; 30 © Hong Kong Observatory; 31 inset map of Hong Kong, Will Mason; 39(위) © Bettmann/Corbis; 46 Courtesy Archives, Utica College; 49 Donna Coveney/MIT; 61(왼쪽) NASA/GSFC and Orbimage; (오른쪽) © 1994 Digital Stock; 62(위) Courtesy MIT Museum; (아래) U.S. Army Ordnance Museum; 80 © 1992 PhotoDisc; 83(위) NASA, (아래) Terry J. Adams, NPS; 88 © Goodshoot; 93(삽입) NASA; (아래) NOAA; 98(위) © 1998 Digital Stock; (아래) NASA 101(위) NASA; (아래) NPS; 110 Svante Arrhenius Archive, The Center for History of Science, The Royal Swedish Academy of Sciences; 111(위) AIP Emilio Segre^ Visual Archives; (아래) NOAA; 113(위) NOAA; (아래) Courtesy National Academy of Sciences; 118 NASA/ GSFC and Orbimage; 119(왼쪽부터 시계방향으로) strawberry plant, © Brand X Pictures; compost, Courtesy Texas Cooperative Extension; cow, © 1998 Corbis; coastline, NOAA; coal, © 1999 Corbis; 121(위) Copyright © 1988 by the New York Times Company. Reprinted by Permission; (아래) Jose R. Lopez/The New York Times; 124 © 1998 Corbis; 135(왼쪽) USDA; (오른쪽) © 2000 PhotoDisc; 143(위) © 1998 Digital Stock; (아래) © 1995 PhotoDisc; 150 NOAA; 152 Todd Sowers, LDEO; 153 NSF Office of Polar Programs and USGS; 160 James H. Pickerell; 168(위) Courtesy University of California, Berkeley; 171 Jim Bishop

Maps © 2004 Map Resources
Illustrations : Max-Karl Winkler
The border image used throughout the book is of clouds ⓒ 1998 Digital Stock.

거침없이 도전한 여성 과학자 03
기후를 예측하다 : 기후 과학자 이네즈 펑

1판 1쇄 2016년 11월 11일
1판 3쇄 2020년 8월 25일

글쓴이 르네 스켈톤
기획 한국여성과총 교육홍보출판위원회
옮긴이 한국여성과총 교육홍보출판위원회
강인숙 권오남 김인선 남영미 박진아 변인경 여의주 이숙경 조성경
펴낸이 김정순
편집 허영수 이근정
디자인 김진영
마케팅 양혜림 이지혜
펴낸곳 (주)북하우스 퍼블리셔스
출판등록 1997년 9월 23일 제406-2003-055호
주소 04043 서울시 마포구 양화로 12길 16-9(서교동 북앤빌딩)
전자우편 henamu@hotmail.com
홈페이지 www.bookhouse.co.kr
전화번호 02-3144-3123
팩스 02-3144-3121

ISBN 978-89-5605-780-4 04400
978-89-5605-777-4 (세트)

* 본 출간 사업은 과학기술진흥기금 및 복권기금의 지원을 받아 진행되었습니다.

이 도서의 국립중앙도서관 출판예정도서목록(CIP)은 서지정보유통지원시스템 홈페이지(http://seoji.nl.go.kr)와 국가자료종합목록구축시스템(http://kolis-net.nl.go.kr)에서 이용하실 수 있습니다.(CIP제어번호: CIP2016024608)